論英雄

心理學

李宗吾 著

「厚」——不能過於遲鈍
「黑」——也不能不擇手

把目的深深地隱藏，給別人看到的只不過是你的和善外表，
厚黑的經營之道在於，要想發展自己的話，
就不能不在自己與對方之間建立一種友誼與信任。
真正的君子並不是不愛錢，而是明白如何賺取應該得到的錢。
君子在該得到的錢財面前，當仁不讓，
但是在不義之財面前，卻是視而不見，不屑一顧。
古人說「蓋棺論定」，人生沒有走到盡頭，誰能說是成功還是失敗呢？

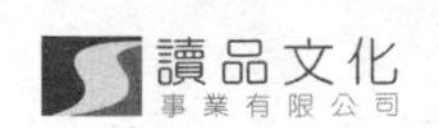

www.foreverbooks.com.tw

yungjiuh@ms45.hinet.net

POWER 系列 55

成敗論英雄：商場厚黑心理學

原　　著　李宗吾
出 版 者　讀品文化事業有限公司
責任編輯　楊子軒
封面設計　林鈺恆
內文排版　王國卿

總 經 銷　永續圖書有限公司
TEL ／(02)86473663
FAX ／(02)86473660
劃撥帳號　18669219
地　　址　22103 新北市汐止區大同路三段 194 號 9 樓之 1
TEL ／(02)86473663
FAX ／(02)86473660
出 版 日　2019 年 03 月

法律顧問　方圓法律事務所　涂成樞律師
CVS 代理　美璟文化有限公司
TEL ／(02)27239968
FAX ／(02)27239668

國家圖書館出版品預行編目資料

成敗論英雄：商場厚黑心理學／李宗吾原著.
--初版. --新北市　：　讀品文化, 民 108.03
面；公分. --（POWER 系列：55）
ISBN　978-986-453-094-6 (平裝)
1. 職場成功法　2.應用心理學
494.35　　108000076

序言

李宗吾（一八七九～一九四四），四川人，早年加入同盟會，長期從事教育工作，四川大學教授，歷任中學校長、省議員、省長署教育廳副廳長及省督學等職。他是厚黑學的創始人、發明者，被譽為「影響二十世紀中國的二十位奇才怪傑」之一。

二〇〇九年一部大陸電視劇《潛伏》掀起了一陣熱烈討論，除了劇情結構緊湊和角色設定的出色，這部劇裡反應的「權謀文化」也引起了很多人心中的共鳴，隨著電視劇被不斷關注，有一個主題占了主流——「辦公室政治」。有人從劇中錯綜複雜的敵我關係、笑裡藏刀的權謀爭鬥中總結出了一套詳盡的所謂職場攻略。

有人從《潛伏》中看出職場厚黑學，這並不奇怪，但觀眾應該明白的是，這些人並非是余則成的「同事」，而是他的敵人。

所謂的厚黑學，並不是挖空心思對付自己身邊的朋友、同事、主管，真正的厚黑學是一種行事智慧，知己又知彼，你可以不厚黑，但是當你遇到厚黑的人你可以有辦法去應對。這才是行走於社會必備的人生智慧。正如李宗吾先生所說：「我們熱讀《厚黑學》，就知道又厚又黑的人到處都有，在應付世事的時候，就不會被厚黑之輩愚弄了。同樣是一個厚黑，用它來圖謀自己的個人私利，是極端卑劣的行為，用它謀劃大眾的公利，是至高無上的道德。」

誠然，臉皮厚的人，雖然被明哲之士所不屑和輕視，但卻是每個想要成功的人，不得不具備的一項條件。所謂「能力夠更要臉皮厚」，為人處世非有「厚」的功夫不可。如果為人內向木訥，不能忍受各種在處世交往中的各種「規則」，過於顧及自己的虛榮心，就不能夠與他人和諧相處，更不可能抓住機會發揮自己，即使本身有出眾的才智，也會淹沒在芸芸眾生裡面，這真可謂有志者，竟一事無成了。

而我們所講的「黑」，絕不是提倡心黑手辣，行惡人間。而是用一種更妥當的方法去解決你所面對的問題，獲得你該獲得的利益。正如「厚」不能過於遲鈍，「黑」也不能不擇手段。

我們要學習的「黑」，不是簡單的詭計多端、狡詐陰險，它更包容了睿智、謀略與高瞻遠矚的深刻內涵。誰要想充分實現自我的價值與能力，誰就要擁有較別人更多的智慧與韜略，這是現代人要成功所必需的。

厚黑學的學問高深，切不可自以為聰明，須知天外有天，人外有人，聰明反會被聰明所誤，厚黑學的思想，不可等閒視之。如果能夠潛心學習，為我所用，則能悟出人生的非常之道，為人的技巧，處世的智慧皆能遊刃其間。

本書有李宗吾先生厚黑學詳細的解析，其中智慧，讀者可學一反三，在之後的人生變幻中靈活運用，為人處世必能得心應手。

1. 現代厚黑新商經

CONTENTS

2. 商場經營厚黑學

3. 商場謀利厚黑學

4. 商場競爭厚黑學

CONTENTS

5. 厚中帶黑的待下之道

6. 在上者要知爲人之道

Part 1

現代厚黑新商經

01 君子愛財取之有道

財富人人都愛，但發財的途徑卻不相同。企業的發展要以人為本，只有上下同心，廣結人緣，才能財源廣進，無往不勝。施以仁慈，以德報怨，是贏得顧客的良招。

企業發展，以人為本當經濟不景氣或公司經營出現了困難，大量裁員是許多企業常用的做法，但這種被稱為「減量經營」的方法並不是每個企業克服困境的唯一辦法。松下先生就十分反對採用這種方法。

有人說，松下先生確實是一個天生的人道主義者，他那種重視人類的心意和尊重人類的精神，全部表現在一貫的人事政策上。

一般來說，擔當公司主管職務的企業家，自然希望公司愈來愈好，為了公司的發展，就要在人事政策上下功夫。因為公司的繁榮和人才的培育是不可分的，所以為了衡量每個員工的能力和向心力，企業就必須採取各種方法和手段。松下先生也同樣是為了使公司更好而培育人才，但他最先想到的是，為了這個職員本身的前途，必須將他的能力發揮出來。

從松下公司採取的人才措施和方法的表象上看來，或許沒有什麼不同，但每個公司的主管對人基本上是採取什麼樣的態度，員工是相當敏感的，因此，在人才的培育上是有重大的影響的。

我們也常可見到一些公司總裁，雖然嘴裡說「人是最重要的」，但一遇到公司的員工過多，就以不尊敬的態度去對待他們；相反的，要是遇到員工不足，就把那些僅有的員工捧上天，深怕他們辭職不幹，不敢施以嚴格的訓練。因此，他們就不會考慮這個員工本身的前途，更不會去引導他發揮自己的能力，而松下幸之助則恰恰相反。

在企業界，「減量經營」這句話是用來代替過去的高度成長經濟的。裁減多餘的人員，維持適當的規模，確實是非常重要的，也是所謂的經營之道。但是，身為公司的總裁，對隨意解雇員工，或制定裁員政策，如果一點兒也不會感到痛心，真令人懷疑這個企業是否能成功地培育人才。

在經濟景氣的時候，大量雇用員工；經濟不景氣的時候，便予以解雇，這在資本主義經濟裡，或許是理所當然的事，但這種作風，卻無法培育出像松下電器公司所要求的：員工和公司要成為一體，並且各同事之間都要有集體榮譽感。如果公司方面只考慮公司的利益和方便，而不顧員工的想法，甚至覺得犧牲他們都可以，那麼員工方面當然也不會存有和公司共存亡的想法，更不會認真工作。

松下先生一向有「企業的最大財產就是人」的信念，並且正因為認為員工是財產，所以不可以隨便裁減。

從另一個角度講，松下先生的「企業的最大財產就是人」的理念正是來源於他那種「萬事拜託」的感恩心態。可以說，注重情感投入正是松下幸之助經營成功的重要因素。

一、萬事拜託，學會感恩

在現代企業管理中，注重情感投入而獲得成功的例子層出不窮，松下先生依靠「萬事拜託」的感恩心態，使自己的公司由幾十個人發展到聞名全球的「松下帝國」，就是其中的一例。

松下先生那種「萬事拜託」的感恩心態具有很大的力量，這種領導藝術和管理藝術的實質就在於它確立了領導者與被領導者、管理者與員工之間健康、和諧的關係，確立了企業及其未來與每個員工之間生死攸關的關係。松下認為，企業猶如一個大家庭，它的興衰榮辱與其中每個成員都有著十分密切的關係。企業成功了，固然有領導者和管理者的功勞，但也有普通員工的汗水和心血。作為一名優秀的領導者和企業家，必須具有對下屬和員工的感恩心理，真心地感激自己的下屬和員工：沒有他們，就沒有自己的成功。只有這樣，才能把下屬和員工維繫在企業這個大家庭之中，同呼吸、共命運，為企業的興旺發達赴湯蹈火。松下先生對下屬和員工不是以居高臨下的心態去發號施令，而是以「請」的心態，以「萬事拜託」的心態，去與下屬和員工相處，使下屬和員工們感到，公司就是自己的家，自己是公司的主人。這樣下屬和員工才能把自己的全部智慧和力量獻給公司。

現在，有的企業經營者把自己看成高人一等，居高臨下，發號施令，這是嚴重存在於各類管理幹部中的一種不良傾向。特別是，由於中國是個封建宗法權力制度長期占統治地位的國家，官貴民賤、官尊民卑、唯上是從的觀念根深柢固。受這種權力本位觀念的影響，人們往往形成這樣的一種習慣定勢：主管就是比一般人高一等，作為領導者就是向下級發號施令，而下級則必須服從命令；如果有了成績自然要歸功於主管，與下屬無關或者關係不大；一些領導者對下屬或員工只是「命令」，而很少用「請」字，認為下屬和員工所做的一切都是理所應當的，根本不需要什麼「感恩心態」；一些領導者很少深入到員工中間瞭解他們的生活狀況，與他們進行情感上的交流與溝通。因此，在許多企業和公司，領導者與下屬及員工之間沒有建立起和諧融洽的關係，下屬的積極性也不能得到充分的發揮，員工也沒有將自己的命運與企業（公司）的命運維繫在一起，領導者、管理者與員工之間也沒有形成同舟共濟的良好關係，這樣的企業一旦遇到金融危機，就會樹倒猢猻散，成為一盤散沙，這是每一個企業家都應該警惕的。

可見，感恩心態、情感投入，也是領導者成功的不可缺少的祕訣之一。

二、君子愛財，取之有道

錢財，每個人都需要，每個人也都希望擁有。發財致富，無可非議，應記住：「君子愛財，取之有道。」但有些人卻老認為：馬無夜草不肥，人無外財不富。於是不擇手段，謀財害命，損他人，損國家，取不義之財。這種小人見利忘義，其手法不外乎如下幾種：

1. 宰：從「宰客」的對象上看，除了「宰生」、「宰公」外，「宰熟」現象也屢見不鮮。從「宰客」實施的地點看，暴利往往集中在歌舞廳、大酒店和精品屋。

2. 騙：除明刀「宰客」外，牟取暴利的另一手段就是「騙你沒商量」。

某廠一位中年女工實在擋不住一件夾克「原價八百八十元，特價三百八十元」的誘惑，終於咬牙買下來，作為丈夫的禮物。過了兩天，她攜同丈夫逛街，卻在另一家服裝店看到同類夾克標價一百元。

3. 矇：除了明宰、暗騙外，「得矇且矇」亦是牟取暴利者慣用的伎倆。

人人都想發財，但如何發財，也應講究發財之道。小人發財取不義之道，這種歪門邪道不可取。君子愛財，取之有道，這道應該是正道：勤勞致富。

歷史上有這樣一則故事。齊國國王派人送了一百斤金子給孟子，孟子拒絕了。第二天，薛國又送來五十鎰金，他卻接受了。孟子的學生陳至秦十分奇怪，問道：「如果說昨天不接受齊國的金子是對的話，那麼今天接受薛國的金子就應該是錯的；反過來，如果今天是正確的，那麼昨天就是錯誤的。這裡有什麼道理呢？」孟子說：「在薛國的時候，當地發生了戰爭，國王要我為之考慮設防的事，所以我應該接受我勞動所得的報酬。至於對齊國我沒有做什麼事，卻贈金給我，顯然是想收買我，你哪裡見過君子是可以用金錢收買的呢？所以，或辭而不受，或受而不辭，在我來說，都是根據道義來確定的。」

君子愛財，取之有道，自古以來，在人們之間廣為流傳。據說，東漢樂羊子，偶爾拾得一塊金子，拿回來交給妻子。他妻子說：「聽人說有志氣的人不飲盜泉之水，因為它名聲不好；廉者不受嗟來之食，因為不願意接受侮辱；想不到你竟會因為一塊金子而敗壞自己的名譽。」樂羊子聽了十分慚愧，趕緊將金子丟掉。

在當今市場經濟的社會中，錢不是萬能的，但沒有錢卻是萬萬不能的。不過，君子愛財，還是要取之有道，靠勞動致富，靠你的本事賺錢，這才是正道。只顧發財、不擇手段的商人是「徒知愛利，而不知愛身」的蠢貨。試想，為錢財以身試法，得到錢財又有何用？要走進「天堂」的幸福之門，就要以勞動致富，不貪不義之財。

三、不賒不欠，薄利多銷

企業由小到大的做法，一是要堅持現金交易，一手交錢一手交貨；二是要為顧客提供價廉物美的商品，堅守薄利多銷的經營原則。貝尼連鎖店就是用這一方法由小做大，逐步走向成功的。

美國連鎖商店業大王貝尼是個身無分文、牧師家長大的孩子。憑著他的經營信念，不給他人添麻煩，卻讓別人分享利益的理想，他在美國經營了一千六百四十三間連鎖商店。

貝尼出身於牧師家庭。他把基督教思想帶入商店經營裡去，以信用、誠意和不給別人添麻煩為原則。一八七六年，貝尼生於美國密蘇里州，父親是個牧師，他排行第七。父親沒有靠傳教的津貼生活，他平時是農夫，一家的生活費用，憑耕作入息來維持。貝尼八歲那年，就開始獨立。

父親對他說：「想要得到的東西，不能依賴人家贈予，一定要自己親手去爭取。」

他聽了父親的說話，開始在鎮上替人家做跑腿來自己飼養小豬。他向父母親說明養小豬的目的：「小豬是母的，它長大了，生的小豬可以賣錢。」

十九歲，貝尼在雜貨店裡做小工。他努力地工作，最後卻病倒了。等到身體康復之後，他回到雜貨店去，照樣認真工作。雜貨店老闆加拉漢和鍾斯很欣賞貝尼，答應另外出錢幫助他開設自己的商店。

格瑪拉是個以礦為主的小鎮，人口只有三千五百人，貝尼決定在這個小鎮開店，而且打破賒帳的傳統慣例，用現款交易。不過，以低廉價格優待顧客。

鎮上只有一家小銀行，負責出納的費富對貝尼說：「這裡全是礦工，他們每個月領薪水一次，都用賒帳方式，先拿礦場所發給的購物單買生活用品，到發薪水時工資上扣除。你要現款購買，我看不會成功。」貝尼還是照做。他首先寄了五百封信給鎮上大部分的家庭主婦，聲明他的商店是用現款做買賣的，所以能夠以最便宜的價錢出售。

小鎮上的家庭主婦，後來都收到過商店的來信，於是對貝尼的現款買賣很感興趣。開張當天，主婦們發現貝尼果然實現了他在信上所做的諾言：現錢交易，價廉物美。

貝尼覺得他的價廉物美方法，對社會有好處，堅持做下去。很快地，便從一間開到兩間三間四間分店，最後在全美國開了一千六百四十三間貝尼連鎖商店。

貝尼是個講原則的商人，他每間商店的招牌上都寫著「原則商店」一行大字。一九一四年，貝尼訂立了他的經商五大原則，被人稱為貝尼的五大致富條件。五大原則是：

1. 為了滿足顧客的要求，服務要最好。
2. 東西要好，價格必須合理。
3. 不斷作檢討，以免經營上犯錯。
4. 可以追求合理利潤，絕不做暴利生意。
5. 要時常反省，看自己是否做錯什麼。

厚黑有理

真正的君子並不是不愛錢，而是明白如何賺取應該得到的錢。君子在該得到的錢財面前，當仁不讓，但是在不義之財面前，卻是視而不見，不屑一顧。

02 種慈因收善果

馳譽世界的日本「拉鍊大王」吉田忠雄有一句名言：「如果我們散佈仁慈的種子，給予別人以仁慈，仁慈就會回報我們，仁慈在我們和別人之間不停地循環往返。」

這就是「善的循環」哲學，也是吉田忠雄的經營之道。

吉田忠雄一貫主張辦企業必須多賺錢，但是利潤不可獨吞。他的「吉田工業公司」將利潤分成三部分，三分之一以低價的方式交給消費者大眾，三分之一交給銷售該公司的產品的經銷商及代理人，三分之一用在自己的工廠。

吉田忠雄「善的循環」的哲學主要表現在以下幾個方面：

一、讓利於消費者

吉田工業公司生產的拉鍊，品種齊全，花色繁多，用途廣泛，凡是生活裡需要用拉鍊的地方，都會有YKK（吉田工業公司的簡稱）出現。

YKK十分注意市場調查，瞭解需求的「萌芽」，只要市場有需求，無論利大利小者都要生產，因此公司每年都會推出新產品，這就使消費者瞭解到YKK總是在根據他們的需要生產新產品。

二、讓利於職工

吉田忠雄鼓勵本公司雇員購買本公司股票。目前，這家公司的職工所擁有的股份已占公司總股份的百分之五十以上，持股者每年可以獲得百分之十八的股息。

他還規定，職工要把工資的百分之十和獎金的一半存放在本公司，用來改善生產設備，每月以比日本銀行高得多的利率支付給職工利息。

近幾年中，YKK支出的紅利中，百分之六十給了職工，他本人只占百分之十六，家族成員占百分之二十四；職工年退休金高達三百三十萬日元。這樣做，使職工得到無窮的好處，具有很大的凝聚力，生產積極性大大提高，而絕沒罷工的事情。公司也發展得很好。

三、讓利於競爭對手及代理商

實際上，在日本的確沒有別人可以跟YKK相比。他不願意看到那些同行們的失敗，總是勸說他們：「你們要跟我競爭絕對勝不過我，停止吧！你們都長籲短歎的埋怨不賺錢，而我真真實實的賺大錢。請大家停止生產，做我的代理商吧！」

吉田忠雄又帶他們去參觀他的自動化流水作業工廠，總算說服了不少競爭對手。而後來證明，當他代理商的都賺了錢。在同業競爭中的七十多家廠商中，有將近四十家成了他的代理商。

由於吉田忠雄奉行「善的循環」哲學，到了七〇年代中期，YKK拉鍊在日本市場的佔有率達百分之九十，在國外有一百多處辦事機構，在三十七個國家裡設有三十八個拉鍊廠，生產量佔全世界拉鍊的百分之三十五，共擁有員工二十三萬人，年產拉鍊四百多個品種，總長度一百九十萬公里，可以在地球與月亮之間拉上四個來回，每年的營業總額超過二十億美元，其中四分之一在海外生產和銷售。

現在，這小小的YKK拉鍊，也和令人矚目的新日鐵鋼材、松下電器、豐田汽車一樣，成了世界市場競爭中無往不勝的日本工業產品的象徵。

厚黑有理

回饋與分享是企業公司經營重要的一環，唯有如此才可凝聚最大向心力及迅速成長。

03 先奪後予，體貼人心

老劉和小王在同一個櫃檯賣貨，他們受廠家委託向顧客推銷一種醫療保健品。兩人的態度都很熱情，對商品知識的掌握也不相上下。但一天下來，老劉的銷售額大大地高於小王。這是什麼原因呢？小王覺得很奇怪，他打算弄個明白。第二天，當老劉接待顧客時，小王在旁仔細地觀察，最後終於搞清了他們兩人的區別所在。

老劉介紹商品時，一般是這樣說的：「要說這東西的價格可真不便宜，但是功能和品質確實是市場上一流的。便宜沒好貨，現在不買，也許過幾天就沒了。」而小王卻是這樣介紹的：「這種東西品質可靠又特別實用，當然價錢稍微貴了一點兒。」他們兩人的差別就在於老劉先說價錢貴，再說東西好。而小王正好相反。

一般來說，講述者說話內容前後次序的不同會在聽者的心裡產生不同的感覺。以大多數人的心理而言，對後面說出的內容更為重視。

老劉熟知這個現象，把商品的長處放在後面，自然顧客對價格貴一些這一不利因素注意的程度就減弱了許多，所以老劉當然比小王賣得多了。

由上述的故事可知，要是我們想強調某個重點時，最好把有缺點的地方先提出來，然後再說明優點，採取「先奪後予」，效果較好。在處理「奪」和「予」的問題上，北京名店同仁堂有其與眾不同的處理方法。

新中國成立前，老北京城每年都要挖城溝。那時沒有路燈，晚上車和行人多有不便，有人不小心，還會發生事故。北京城有「同仁堂」藥店，「同仁堂」老闆禾印川看到這種情況大發善心，在四城開溝的地方懸掛燈籠，為行人照明。每當夜晚，貼有「同仁堂」三個大字的燈籠給人們留下了難以磨滅的印象。

除此之外，「同仁堂」藥店還做了不少慈善事業，如為全國各地來京應試的舉子贈送藥品、冬設粥丁、夏送暑藥、賑濟窮人、捐助辦學等等。「同仁堂」的義舉使它的美名遠揚。「同仁堂」的業務日益發達，迅速擴展到天津、上海、青島、漢口、長春、西安、長沙、福州和香港等地。就是現在，「同仁堂」的名字仍在許多人心目中印象頗深，這是因為許多年來，「同仁堂」不斷努力在公眾中樹立公益形象的結果。

「同仁堂」採用的是在給予仁德的同時銷售藥品的做法。從商業角度說，賣藥是為了從顧客那裡賺到錢，這是「奪」，而舍藥、送藥、照明、舍粥都是做的仁善之事，這是「予」，正是有了「予」這才使「奪」變得更有保障。

厚黑有理

社會的文明使得懂得先奪後予的商家越來越多了，而這種方法目的就是為了使顧客覺得貼心。先奪後予是一種以心理取勝的戰術，此戰術運用到商戰中會為商家帶來意想不到的好效果。

04 上下同欲，無往不勝

對企業來說，「上下同欲」就是指企業與雇員之間齊心協力，而這是建築在員工感到自己的利益和命運同企業的效益和前途息息相關這個基礎之上的。

胡雪巖治眾，也注意運用物質利益這一經濟杆桿。阜康銀號業務發達後，在通都大衢遍設分號，每當胡雪巖雇傭號友時：「必詢其家食指若干，需用幾何，先以一歲度支畀之，俾無內顧之憂。」這樣，一則使雇工專心致志，二則使他們感恩戴德，幹起活來，自然更賣力，受惠的當然還是胡雪巖。

企業內部員工的勞動態度、技術水平、熟練程度各不相同，如果做與不做一個樣、做好做壞一個樣，勢必造成平庸而怠惰者安於現狀、不思進取，才高而勤奮者不能脫穎而出。為了避免出現這種情況，必須建立一種賞罰分明的競爭激勵體制，以有效地開發、利用人的才能和專長。在胡慶餘堂，胡雪巖也透過行賞用罰進行有效的管理。他行賞罰以實績為依據，處以公心。罰，不迴避管理層；賞，不忘記普通藥工。

工資收入、職位晉升也是激勵手段之一。當時，葉種德堂有個切藥工功夫過硬，人稱「石板刨」，但因脾氣耿直火爆而常常得罪人，在葉種德堂待不下去了，經人介紹來到胡慶餘堂後，胡雪巖不但沒因他有「牛脾氣」而另眼相看，反而按能定賞，給「石板刨」高工資，還提拔他當了大料房的頭兒。

胡雪巖寧肯厚待有一技之長的「刺頭」，也不肯賞唯唯諾諾的平庸之輩。人是有感情的社會動物，「精誠所至，金石為開」，「石板刨」見馳名朝野的「紅頂商人」胡雪巖竟如此器重自己這個在葉種德堂受氣的小人物，怎不感其知遇之恩而加倍效力呢？

胡雪巖對有功者，特設「功勞股」，這是從盈利中抽出的一份特別紅利，專門獎給對胡慶餘堂有特殊貢獻的人。功勞股是永久性的，一直可以拿到本人去世為止。

有位叫孫永康的年輕藥工就曾獲得此項獎勵。有一次，胡慶餘堂對面一排商店失火，火勢迅速蔓延，眼看火焰就要撲向胡慶餘堂門前的兩塊金字招牌，孫永康毫不猶豫地用一桶冷水將全身淋濕，迅速衝進火場，搶出招牌，頭髮、眉毛都讓火燒掉了。胡雪巖聞訊，立即當眾宣佈給孫永康一份「功勞股」，以獎勵其「護店之舉」。

企業主為了攏住雇員的心，一般捨得施以小恩小惠，但他們大多有「吃我一餐，聽我使喚」的心理，所以，當雇員年老體弱之後，業主普遍採取掃地出門的態度，任其凍餓不肯援手，而這會使在職人員心生前途渺茫、得過且過之感，因為他們認為眼下老弱者的下場就是他們將來生活的寫照，胡雪巖正是看到了這一點，設立了「陽俸」。

所謂陽俸，就像現在的退休金，發給老弱多病無法繼續工作的人。而「陰俸」如同現在的遺屬生活補助費，是職工死後，按照工齡長短發給其家屬的生活費。當然，不是人人可得陽俸和陰俸，須以對胡慶餘堂有過貢獻為前提，含有論功行賞之義。

雖然，陽俸、陰俸成了胡慶餘堂不小的一筆開支，但收到了解除員工後顧之憂、促使人們爭強好勝的客觀效果，由此激發的生產積極性和創造力所轉化的經濟效益遠遠超過了所支出金額。

同時，胡雪巖建立激勵機制並不只限於物質刺激，他還用「仁術為本」、「造福冥冥」等精神因素來提高員工的責任感和事業心，用信任下級、讚賞先進、融洽關係等管理手段強化員工的能力，鞏固他們的積極性。

由於胡雪巖主動關心員工的物質利益，並且建立起行之有效的獎優懲劣、賞勤罰懶的激勵制度，所以，胡慶餘堂吸引了各種人才，如「石板刨」從葉種德堂投到胡慶餘堂門下後，從二十二歲一直做到七十七歲，整整為胡慶餘堂效力五十五年。

「天下熙熙，皆為利來；天下攘攘，皆為利往」，因此，任何企業要有效地組織生產，必須「以欲從人」，即關心員工的物質利益，以此來充分激勵員工的積極性。

05

穩做生意，細水長流

喜歡一步登天的人不是適合做生意的人，因為人生來就不是可以一步登天的。當然一鳴驚人的事情是也有，像某某電影明星一炮走紅了等等。但是我們反過來想想，若不是本身有一點演戲的天賦，以及進入影壇之後努力學習，怎麼可能一炮而紅呢？

還有在棒球場上，連敗數局，到最後突然來個全壘打，挽回頹勢、反敗為勝的情形也是有的。但是想想看，如果平時沒有勤練打擊，全壘打從哪裡來？

在商場上也可以碰到這種「山窮水盡疑無路，柳暗花明又一村」的實例。

做生意還是以穩紮穩打、步步為營為貴。所以古人說：生意如牛涎。意思是說做生意要像牛一樣「垂涎三尺」，牛涎又細又長，拖了三尺都不斷。因此做生意也要細水長流。只要生意不斷就好，利潤少沒關係，比起一夕致富、一敗塗地來，要安全得多了。

牛是一種行動遲緩但是富有耐力的動物，在農業機械化以前，牛是農村不可缺少的動力。有了牛，田園就不怕荒廢，生活所需的五穀雜糧就可以確保。在這一點上，牛可以作為生意人的榜樣。

在汽車還沒有發明以前，馬是最快的交通工具，也是最危險的交通工具，如果跑得太快的話就會弄得「人仰馬翻」。可是那時候出「馬車禍」而死的還算不多。現在交通事業突飛猛進，汽車、火車，出了車禍自然是車毀人亡，至於飛機如果出了「機禍」，那更是粉身碎骨。因此，景氣好的時候，痛快自然是痛快，但是危險也是非常危險。智慧的生意人不是在高速公路上飛奔時猛踩油門，而是適可而止，保持安全速度，留出安全距離，並且全副精神貫注於駕駛，隨時作煞車準備的人。

得意忘形是人的弱點，誰會在乘風破浪、突飛猛進的環境中還懂得「隨時作煞車準備」呢?因此,擊敗對手最佳方法是給他創造一個「一帆風順」的感覺,使他先突飛猛進,後人仰馬翻。

日本有家公司叫做「磐若鐵工」。董事長磐若松平氏有一年突然躍登日本最高所得排名第七位而一鳴驚人。然而幾乎是在同時,爬得高跌得重,突然宣佈破產,身敗名裂,於是再度一鳴驚人。

原來這家公司以一貫作業方式製作車床,成為當時劃時代的創舉而受到注目。一時大發利市,批發商不斷抱怨生意太好:「一進貨馬上就賣光了。請趕快製造送來吧。」磐若董事長笑顏逐開,決意趁熱打鐵,乘勝追擊,擴大投資,增加生產。自以為已經稱霸日本,下一步更要遠征東南亞、中亞、以致於世界了。

然而算盤打得太如意了。原來那些苦惱於銷路太好的批發商紛紛退貨,貨積如山,不用說不得不宣佈倒閉。有識者批評說:「如果當時銷路太好、供不應求的時候,能夠仔細做市場調整,努力於開發新產品,也許磐若鐵工至今仍然生意興隆,穩如泰山。」

跟這個相似的情形是一九八五年秋天的時候，呼啦圈突然風靡全球，幾乎人手一圈。製造呼啦圈並不需要什麼技術，也不要多大資本，於是許多人爭相投資，當時確實銷路很好，一進貨就賣光，供不應求，許多人因此賺了一筆。然而不久，來也匆匆，去也匆匆，突然間不流行了。許多廠商不知道，還拼命製造，結果退貨如山，又紛紛倒閉了。

出版商也常常有這種情形，偶然出了一本暢銷書，喔！不得了，人手一冊，到處搶購。於是再版啊再版！突然情勢一變，滯銷了，退書如山。

俗話說：「勝負不到穿上木屐時不知道。」以前日本武士比劍時，脫下木屐，決定勝負了再穿上木屐回家。那時，誰勝誰敗才可知道。

下棋也是一樣的，開棋時情勢大好，於是猛攻猛進，旁觀者也許以為這下非贏不可了。可是最後一著棋沒有看，誰能知道誰勝誰負呢？往往只顧攻，忘了守，突然間對方來個將軍，倒了。

這種情形豈不叫人捶胸扼腕嗎？然而這種悲劇何其多。我們看到許多人少年得志，可是老境淒涼。就是因為少年時幸得一點兒成就，就得意忘形，知進而不知退，結果胡亂投資、肆意揮霍，弄得債務累累、身敗名裂。所說古人說「蓋棺論定」，人生沒有走到盡頭，誰能說是成功還是失敗呢？

厚黑有理

出師不利對做生意來說，有時並不是壞事，因為開始做生意碰到困難險阻，日後一定會倍加謹慎。如果一開始做生意就賺了一大筆，日後就凡事都看得太簡單，結果一定敗得不可收拾。因此，善謀者，在生意開頭多讓步，然後猛玩你一把，讓你吃不了兜著走。

06 做生意之前要先做人

在胡雪巖的經商生涯中，他經常說：「做人無非是講個信義，生意失敗，還可以重新來過；做人失敗，不但再無重來的機會，而且幾十年的聲名，付之東流。」其實，做生意與做人，本質上應該是一致的，一個真正成功的商人，往往也應該是一個講信義之人。比如胡雪巖，就可以稱得上是一個真正的仗義守信的成功商人，也可以說他的仗義守信，正是他能夠獲得比一般人大得多的成功的重要條件。

胡雪巖的仗義守信從下面這件事情上可以略見一斑。胡雪巖的錢莊開業不久，接待了一位特殊的客戶。傍晚時分，一名軍官手裡提著一個很沉重的麻袋，指名要見「胡老闆」。

等胡雪巖被從家裡找來，這名軍官把姓名和官銜報了出來：「我叫羅尚德，錢塘水師營十營千總。」然後，把麻袋解開，只見裡面是一堆銀子，有元寶，有圓絲，還有散碎銀子。隨後他又從懷裡掏出一疊銀票，放在胡雪巖面前。

「胡老闆，我要存在你這裡，利息給不給無所謂。」

聽了這句話，胡雪巖大為感動，一個素昧平生的人，竟然如此信任自己。不過胡雪巖心想，以羅尚德的身分、態度和這種異乎尋常的行為，這筆存款既可能是一筆生意，也可能是一種麻煩。

隨後，胡雪巖瞭解到羅尚德是四川人，家境相當不錯，但從小不務正業，是個十足的敗家子，因而把父母氣得雙雙亡故。羅尚德從小訂過一門親，女家也是當地一個財主，好賭的羅尚德不時伸手向岳父家要錢，前後共用去岳父家一萬五千兩銀子。

後來女家見他不成材，便提出退婚，並說如果羅尚德肯把女家訂婚時的庚帖退還，他們可以不要這一萬五千兩銀子，另外再送他一千兩銀子。不過希望他今後能到外地謀生，免得在家鄉淪為乞丐，給死去的父母丟臉。這對羅尚德是個刻骨銘心的刺激，他撕碎了庚帖，並且發誓說，做牛做馬，也要把那一萬五千兩銀子還清。羅尚德後來投軍，辛辛苦苦十三年熬到六品武官的位置，自己省吃儉用，積蓄了這一萬多兩銀子，如今已經接到命令要到江蘇與太平軍打仗，沒有可靠的親眷相托，因而拿來存入阜康錢莊。

他將銀子存入胡雪巖的阜康錢莊，既不要利息，也不要存摺，一來是因為他相信阜康錢莊的信譽，他的同鄉劉二經常在他面前提起胡雪巖，而且只要一提起來就讚不絕口；二來也是因為自己要上戰場，生死未卜，存摺帶在身上也是一個累贅。

得知羅尚德的具體情況，胡雪巖心裡盤算了一下，說道：「羅老爺，承蒙你看得起阜康，當我是一個朋友，那麼，我也很爽快，你這筆款子準定作為三年定期存款，到時候你來取，本利一共一萬五。你看好不好？」

「這，這怎麼不好？」羅尚德驚喜不已，滿臉的過意不去，「不過，利息實在太多了。」

羅尚德非常感動，回到軍營後講述了自己在阜康錢莊的經歷，使阜康錢莊的聲譽一下子就在軍營中傳開了。許多軍營官兵把自己多年積蓄的薪餉甘願「長期無息」地存入阜康錢莊。當時胡雪巖的錢莊是新開的，根本沒有多少資金流通，可以說軍營中官兵的這些存款成了阜康錢莊的「第一桶金」。

後來的事實也充分證明，胡雪巖的做人的確是仁義盡至，講信用講到了家。羅尚德在戰場上戰死前，委託兩名同鄉將自己在阜康的存款提出，轉至老家的親戚家。羅尚德的兩位同鄉沒有任何憑據，就來到阜康錢莊辦理這筆存款的轉移手續，阜康錢莊在證實了他們確是羅尚德的同鄉後，沒費半點周折，就為他們辦了手續。就是從這一點上，我們就能看到胡雪巖仗義而守信用的人品。記得一位偉人曾經說過這樣的話，「一個人做點好事並不難，難的是一輩子做好事，不做壞事」。另外，民間也有一句「善始善終」的老話，講得無非都是做人貴在堅持到底的道理。同樣的道理，對於生意人來說，一時一事講信用並不難，難的是始終如一地講信用，特別是在自己處於困境的情況下，就更是考驗一個人是否講信用的關口。

胡雪巖做人講信用，可說是始終如一。在順利的時候講信用，在困難的時候仍然堅持講信用。比如在已經開始出現危機的情況下，胡雪巖還重視承諾，答應為左宗棠辦兩件事情：一件是為他籌餉，一件是為他買槍。

不過，胡雪巖雖然答應下這兩件事情，但實際做起來卻非常棘手。棘手之處首先還是一個「錢」字。本來胡雪巖可以向左宗棠坦白陳述這些難處，求得他的諒解，即使推脫不了這兩件事，至少也可以獲准暫緩辦理。但他卻不願意這樣做。為什麼呢？胡雪巖知道左宗棠雖然入了軍機處，但事實上已經老邁年高，且衰病侵擾，在朝廷理事的時日不會太多，自己為他辦事也許就是最後一次了。自結識左宗棠之後，他在左宗棠面前說話從來沒有打過折扣，因而也深得左宗棠的信任。他不能讓人覺得左宗棠已經沒有什麼可以仰仗了，自己也就可以不為他辦事了。更重要的是，「為人最要緊的是收緣結果，一直說話算話，到臨了失一回信用，且不說左湘陰保不定會起疑心，以為我沒有什麼事要仰仗他，對他就不像從前那樣子忠心，就是自己也實在不甘心，多年做出來的牌子，為一件事就砸掉了」，實在是不划算。

胡雪巖在對左宗棠的態度上，至少有兩點很值得我們欽佩：

第一點，絕不用完就扔，過河拆橋。胡雪巖結識左宗棠，從他作為一個生意人來說，是將左宗棠作為可以利用、倚靠的官場靠山來「經營」的，他也確實從這座靠山上得利多多。但是，胡雪巖也絕不僅僅將左宗棠作為能靠就靠、靠不住就棄之而投他的單純靠山，因而即使自己已經處於極其艱難的境地，他也要全力完成左宗棠交辦的事情。從個人品德上來說，這不能不讓人感慨。

第二點，維持信用，始終如一。胡雪巖絕不願意一生注重信用而到最後為一件事使這信用付之東流，因此，即使到了真正是勉力支撐，而且岌岌可危的時候，寧可支撐到最後一敗塗地，也要保持自己的信譽和形象。

胡雪巖認為，無論是從做人的角度看，還是從做生意的角度看，這兩點其實都非常重要，因而特別注意堅持自己的信用。

信用、信義是一個人立身行事之本。商場中是最要講究信用的，沒有信用，坑矇拐騙，偷奸耍滑，生意最終不可能長久。

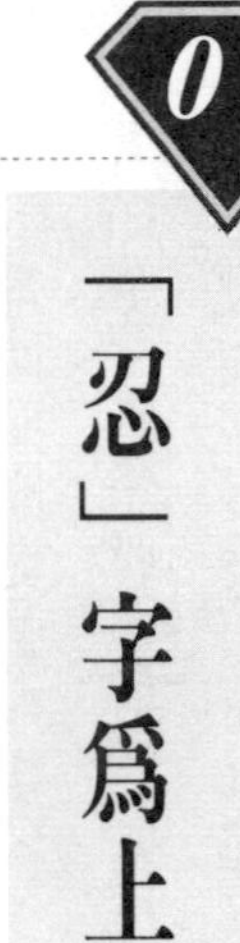

07 「忍」字爲上

春秋戰國時期有三位傑出人物，其所作所為就是能忍而成大謀的表現。他們是臥薪嚐膽的勾踐，裝瘋吃苦的孫臏，佯裝死去的範雎。受中國傳統文化影響的華商們大都繼承了中國人特有的「忍」的品格，這一點是西方商人所無法比的。

勾踐忍受屈辱的故事，使他成為中國歷史上忍辱發憤的代名詞。作為越國君王，只要利於恢復他已經滅亡的國家，什麼屈辱他都能忍受。他心甘情願地給吳王夫差當奴僕，給生病的吳王嚐大便。這是何等屈辱之事！勾踐似乎毫不考慮，對他來說，唯有成功才是奮鬥目標。因此，當他騙得吳王的信任，獲得自由回越國後，仍能一如既往地忍受吳國強加給他與越國的屈辱。他讓自己睡在柴草上，在屋梁上吊一個豬膽，天天不斷地舔嘗，以此深思人生事業的艱難。皇天不負有心人，不到十年工夫他就報仇雪恨了。

孫臏的忍，在於裝瘋，不畏吃豬糞以矇哄龐涓，從而躲過大難，逃到齊國，最後打敗龐涓，使龐涓自殺身亡。范睢原本是魏國大夫須賈的門客，他和須賈出使齊國，齊襄王在接見中發現範睢很有才幹，就背地裡派人去勸範睢留在齊國做事，範睢謝絕了。後來為了此事，須賈懷疑范睢私通齊國，就向魏國丞相魏齊告狀。範睢被嚴刑拷打，直至沒了氣，魏齊就叫人用破席子把範睢裹起來，扔在廁所裡。范睢其實只是暈過去了，夜裡醒來，買通看守士兵逃回家，養好傷又改名為張祿，逃到秦國。他向秦昭襄王獻「遠交近攻」之計，並當上了秦國丞相，幫助秦國更強大起來，並把魏國作為主要進攻目標。

著名華商張榮發的發跡歷程，雖然沒有勾踐、孫臏和范睢那樣的屈辱艱難，但亦有一段相當漫長和曲折的故事。他從在日本船上當雜工開始，直至後來艱難從商成名。在艱苦的水手工作中，他堅持勤奮學習和工作，船上的知識和技術得到不斷的長進，逐步晉升為二副、大副乃至船長，這為他全面熟悉海運業打下了良好的基礎。

張榮發是台灣省基隆市人，一九二七年出生。從小生活在海邊，由於家境不太好，十八歲讀完了商業學校後，便到社會謀生。他雖然學了幾年商業課程，但找不著相應的工作，只好在日本商船當雜工。

張榮發是個胸懷壯志的青年，他從小立志要自己創一番事業。儘管環境不遇，他卻不灰心，決心奮鬥、忍耐，相信只要努力向上，一定會成功的。他讀書雖不算多，但對孔子所說的「小不忍則亂大謀」很有體會。

從打雜工到船長，在文字表達上僅僅用了十多個字，然而。張榮發在奮鬥過程中，卻足足用了二十三年時間。就這樣，他忍受了二十三年艱苦單調的海上生活，累積了一點錢，於一九六八年開始自己創業。起步時他買了一艘殘舊的洋船，航行於美國和遠東之間。他既是老闆，又是船上的船長，親自指揮航行。

經過二十多年的海上「臥薪嚐膽」生活，他成立的長榮海運公司十分瞭解貨主的需求和市場行情，做到服務優良，樣樣令顧客滿意。為此，他的生意十分興旺，盈利可觀。沒幾年時間，長榮公司的貨輪增至三艘了，並增辟了遠東至波斯灣的定期航線。

到一九七五年，張榮發已累積了不少資本，他注意到海運業競爭激烈，於是決定摒棄舊式貨船，逐步建立起了新式快速貨運船隊，以快速、安全、廉價和優質服務參與競爭。透過這次新的裝備和改制，其生意得到迅速發展。一九八二年到一九八三年，世界航運業再次陷入低潮，很多航運商家難以為繼，被迫倒閉或壓縮業務。

有卓見的張榮發卻認為這是短暫現象，於是利用這個機會以七億美元收購了二十四艘全箱遠洋貨輪，迅速壯大自己的船隊，乘勢開創環球東西雙向全箱貨運定期航線，取得了史無前例的成功。

經過這麼一番人退我進、人棄我取的發展，到八〇年代末，張榮發成為世界有名的船王。他擁有十多家規模龐大的公司，在世界五大洲幾十個國家和地區設有分公司或辦事處，屬下有六十六艘大型貨輪，總噸數達兩百一十萬噸。

張榮發忍耐作了二十三年的打工生涯，再用二十多年的時間創業，終於成為一位世界級富豪。據《富比士》雜誌介紹，他的財富已達二十一・五億美元。

香港著名華商劉永浩也是臥薪嚐膽、小忍成大謀的典範人物。

一九六九年，由於家庭不幸發生了變故，年紀未滿十七歲的劉永浩，被迫離開心愛的學校，隻身一人步入社會大舞台，成為「近藤日本食品公司」的一名學徒工。

劉永浩懂得「不吃苦中苦，難為人上人」的中國古訓，開始了十一年漫長而艱辛的學徒生涯。他忠心耿耿、勤奮努力，業餘時間仍不忘充實自我，努力學習知識，終於從一個人人瞧不起的「學徒」一步步晉升為營業部經理。他在長期的實踐當中，漸漸形成了全新的理念，人們的飲食習慣正隨著世界經濟一體化格局的形成，發生著交融變化，人類將進入一個更加文明科學的「雜食時代」，中西方飲食的大差異間隙，日式食品必將會率先風靡「港九」。

帶著這種理性的科學預見，劉永浩果敢地辭去了「近藤日本食品公司」的工作，放棄了又一次升遷的機會，努力地仔細尋覓「創業」的最佳契機。

劉永浩以他二十八歲的魅力，與兩位良朋益友聯手合作，集「三」人的資「本」——五萬港元，創辦了專事日本食品代理及批發業務的「三本貿易公司」。獨特的公司名號，不僅表現出三人合股創業的經營特性，而且洋溢著濃厚的日本氣息。

真是「好事多磨」，當公司即將正式掛牌開張前夕，兩位好友卻以「日式食品尚未流行，投資風險太大」為由，置昔日交情於不顧，突然撤走了本金。此時的劉永浩也可以抽身而退，避免一個人投資經營的風險。可是他認定了這條路，不管前面是險灘還是荊棘，他誓不低頭。最終，好不容易向親朋好友借貸了五萬港元，湊足了啟動資金，公司開張營業了。

為了最大限度地減少開支，他不得不集老闆和夥計於一身，，不僅聽電話、接訂單、送貨物、收帳款，而且親自設計「三本貿易公司」的企業標識。就連公司的辦公場所，也是借用好友房間的一個角落！

「皇天不負有心人」，劉永浩利用在近藤工作時培養的關係，從友人手中接下了半賣半送的一批積壓日式食品，然後親自去尖沙咀超級市場苦苦推銷，竟然出人意料地賺取了一倍利潤的業績。這次營銷活動的意外成功，極大增強了劉永浩經營日式食品的信心和決心。

之後，他的業務量日漸擴大，營銷利潤逐步上升，客戶越來越多，劉永浩認為要創新才能生存。他大膽引進純正日本風味的「金針菇」，試圖取得「中西合璧成一統」的最佳經營效果。

他先將「金針菇」送到「方榮記」和「四季火鍋」兩大中式飯店試用，未料到食客的反應頗佳，迅即成為各大中式飯店首選的日本蔬菜，並被普通家庭看好。現在，劉永浩每月引進推銷金針菇多達兩噸以上，成為香港真菌類食品領域的「金牌殺手」。

於是，劉永浩乘著金針菇引進促銷大獲全勝的浩蕩東風，接二連三地增加經營品種，先後從日本進口瞭解柳、八爪魚等日式食品，並趁勢擴展了銷售網路，一躍而成為香港日式食品業界嶄露頭角的鉅子。

厚黑有理

大凡一個有抱負、有才華的人，要實現自己的目標，在無所作為的時候，總是能忍受等待的種種煎熬。

08 誠信是經商之本

從商品經濟發展史來看，無論中外，商品經濟越發達，商業精神越旺盛，就越是恪守信用。「無商不奸」這句話並不能反映商業的本質，也不適應市場經濟的根本要求。其實，商的本質是信，而不是奸。因為成功的企業家都清楚地認識到，唯誠與信才會給企業、給企業家帶來較高的信譽。

李嘉誠從身無分文的上班族，一躍而成為世界富豪，其創業歷程充滿艱辛。然而勤勉的同時，還需要誠信，唯有誠信，才能建立起信譽，才能成為「真正」的商人。

五〇年代中期，香港工業化形成熱潮，港產工業品源源不斷打入國際市場，越來越引起國際商界的重視。

長江塑膠廠經歷過瀕臨倒閉的危機後，生機煥發，訂單如雪片飛來，工廠通宵達旦生產，營業額呈幾何級數增長。李嘉誠的信譽有口皆碑，銀行不斷放寬對他的貸款限額；原料商許可他賒購原料；客戶樂意接受他的產品，派送大筆訂單給他。

一九五七年尾，長江塑膠改名為長江工業有限公司。公司總部由新蒲崗搬到北角，李嘉誠任董事長兼總經理。廠家分為兩處，一處仍生產塑膠玩具，另一處生產塑膠花。李嘉誠把塑膠花作為重點產品。

李嘉誠的事業又上了一個台階，他並不因此而滿足。

香港的對外貿易基本上為洋行壟斷，而華人商行的優勢，是在中國內地與東南亞的華人社會。五〇年代，西方國家對華實行禁運，香港華人商行的出口途徑，基本限於東南亞。

世界最大的消費市場在歐美，歐洲北美占世界消費量的一半以上。李嘉誠無時不渴望將產品打入歐美市場，他透過《塑膠》雜誌，得知香港塑膠花正風靡歐美市場。

李嘉誠一得悉這個消息，馬上驅車去跟外商直接洽談，給他們看樣品，簽訂合約。繞過了中間環節，雙方都得到價格上的實惠。李嘉誠手中捏著一把訂單，還有訂單從四面八方飛來。

李嘉誠不惜重金網羅全港最優秀的塑膠人才，不斷地推出新樣品。可是，因為資金有限，設備不足，嚴重地阻礙生產規模的擴大。李嘉誠擔心陷於前幾年的被動局面，不敢放手接受訂單。

該如何突破「瓶頸」呢？李嘉誠陷入苦惱之中。銀行許可的貸款額只能應付流動資金。地產、航運、貿易、工業，都在千方百計努力獲得銀行的支持，像長江這樣的小公司，不敢奢望獲得銀行的大筆貸款。

在李嘉誠傷透腦筋之時，一個意想不到的機遇來到他面前。有位歐洲的批發商，來北角的長江公司看樣品，他對長江公司的塑膠花讚不絕口：「比義大利產的還好。我在香港跑了幾家，就算你們的款式齊全、質優美觀！」

他要求參觀長江公司的工廠，他對能在這樣簡陋的工廠生產出這麼漂亮的塑膠花甚感驚奇。這位批發商快人快語：

「我們早就看好香港的塑膠花，品質品種，處於世界先進水平，而價格不到歐洲產品的一半。我是打定主意訂購香港的塑膠花，並且是大量訂購。你們現在的規模，滿足不了我的數量。李先生，我知道你的資金發生問題，我可以先做生意，條件是你必須有實力雄厚的公司或個人擔保。」找誰擔保呢？擔保人不必借錢給被擔保人，但必須承擔一切風險。被擔保人一旦無法履行合約，或者喪失償還債務能力，風險就落到擔保人頭上。不過，根據塑膠花的市場前景，以及李嘉誠的信用和能力，風險微乎其微。

翌日，李嘉誠來到批發商下榻的酒店。兩人坐在酒店的咖啡室，咖啡室十分幽靜。李嘉誠拿出九款樣品，默默放在批發商面前。李嘉誠沒說什麼，認真觀察批發商的表情。

李嘉誠的內心，太想做成這筆交易了。該批發商的銷售網遍及西歐、北歐，那是歐洲最主要的市場。李嘉誠未能找到擔保人，還能說什麼呢？他和設計師通宵達旦，連夜趕出九款樣品，期望用樣品打動批發商。若他產生濃厚的興趣，看看能否寬容一點兒，雙方尋找變通方法；若不成，就送給他做作紀念，爭取下一次合作。

機遇既然出現，他是無論如何不會輕易放棄。

九款樣品，每三款一組：一組花朵，一組水果，一組草木。批發商全神貫注，足足看了十多分鐘，尤其對那串紫紅色葡萄愛不釋手，李嘉誠繃緊的神經，稍稍放鬆，這證明他對樣品頗為看好。

批發商的目光落在李嘉誠熬得通紅的雙眼上，猜想這個年輕人大概通宵未眠。他太滿意這些樣品了，同時更欣賞這位年輕人的辦事作風及效率，不到一天時間，就拿出九款別具一格的極佳樣品。他記得，他當時只表露出想訂購三種產品的意向，結果，李嘉誠每一種產品都設計了三款樣品。

「李先生，這九款樣品，是我所見到過的最好的一組，我簡直挑不出任何毛病。李先生，我們可以談生意了。」

談生意，就必須拿出擔保人親筆簽字的信譽擔保書。李嘉誠只能直率地告訴批發商：「承蒙您對本公司樣品的厚愛，我和我的設計師，花費的精力和時間總算沒有白費。我想你一定知道我的內心想法，我是非常非常希望能與先生做生意。可是我又不得不坦誠地告訴您，我實在找不到殷實的廠商為我擔保，十分抱歉。」批發商目光炯炯地看著李嘉誠，未表示出吃驚和失望。於是，李嘉誠用自信而執著的口氣說：「請相信我的信譽和能力，我是一個白手起家的小業主，在同行和關係企業中有著較好的信譽，我是靠自己的拼搏精神和同仁朋友的幫助，才發展到現在這規模的。先生，您已考察過我的公司和工廠，大概不會懷疑本公司的生產管理及產品質量。因此，我真誠地希望我們能夠建立合夥關係，並且是長期合作。儘管目前本公司的生產規模還滿足不了您的要求，但我會盡最大的努力擴大生產規模。至於價格，我保證會是香港最優惠的，我的原則是做長期生意，做大生意，薄利多銷，互利互惠。」

李嘉誠的誠懇執著，深深打動了批發商，他說道：「李先生，你奉行的原則，也就是我奉行的原則。我這次來香港，就是要尋找誠實可靠的長期合作夥伴，互利互惠。只要生意做成，我絕不會利己損人。李先生，我知道你最擔心的是擔保人。我坦誠地告訴你，你不必為此事擔心，我已經為你找好了一個擔保人。」

李嘉誠愣住了，哪裡有由對方找擔保人的道理？批發商微笑道：「這個擔保人就是你。你的真誠和信用，就是最好的擔保。」

兩人都為這種幽默感笑出聲來。談判在輕鬆的氣氛中進行，很快簽了第一批購銷合約。按協議，批發商提前交付貨款，基本解決了李嘉誠擴大再生產的資金問題。是這位批發商主動提出一次付清，可見他對李嘉誠信譽及產品質量的充分信任。批發商叫侍者拿來兩杯香檳酒，舉杯說道：「我們的合作，一定會很愉快！」

信譽是不能以金錢估量的，是生存和發展的法寶。經過這次本無希望、但最終如願以償的合作，李嘉誠對此堅信不疑。

長江公司的塑膠花牢牢佔領了歐洲市場，營業額及利潤成倍增長。一九五八年，長江公司的營業額達一千多萬港元，純利一百多萬港元。凝聚著李嘉誠信譽的塑膠花為李嘉誠贏得平生的「第一桶金」，也贏得了「塑膠花大王」的稱號。

厚黑有理

古往今來，「誠信」一向被中國人視為修身之本，是待人處世的道德規範。這也是中國傳統的管理思想中所重視的「賢能」的一個重要標準。儒家思想強調「民無信不立」，宣揚「貨真價實，童叟無欺」，要求商人要「篤實至誠」。

09 不搶同行的飯碗

在競爭中或者一方取勝，另一方被迫稱臣；或者兩敗俱傷，「鷸蚌相爭」而被第三方「漁翁得利」；或者一時難分勝負，雙方維持現狀，醞釀新一輪的競爭。那麼，在這種狀況中有沒有既不觸動對方利益、又能使雙方得利的變通之路可走呢？有！這就是不斷同行的飯碗。「同行不妒，什麼事都可以成功。」胡雪巖這樣說。

胡雪巖看到在太平天國興起的形勢下，各地紛紛招兵擴軍、開辦團練以守土自保，尤其是江浙一帶，直接受到太平天國的威脅，特別是自上海失守後，人心惶惶，防務極待加強，更是大辦團練、擴充軍隊，有了兵就要有兵器，因而各地急需大批洋槍洋炮。胡雪巖正是看準了這一點，才決定充分利用自己在官場的關係，大做軍火生意。

說實話，胡雪巖對買賣洋槍的門道幾乎一無所知，但不知道不怕，胡雪巖會「變」，他對古應春拱拱手說，「你比我內行得多了。索性你來弄個『說帖』，豈不爽快。」一句話，就把擔子壓到了古應春的肩上。

古應春本事的確不錯，提筆構思，轉眼就把「說帖」寫好，而且筆下生花，行文流暢、漂亮。胡雪巖儘管自己不能動筆，但他卻特別會看，而且目光銳利。他一眼就發現「說帖」好是好，就是寫得太正統了，把洋槍、洋炮的好處，原原本本談得很細，讀起來很吃力。於是，為了讓「說帖」能夠打動官府的決策人，胡雪巖建議古應春採取「變通的方法，說英國人運到上海的洋槍數量有限，賣給了官軍，就沒有貨色再賣給太平軍，所以這方面多買一支，那方面就少得一支，出入之間，要以雙倍計算。換句話說，官軍花一支槍的錢，等於買了兩支槍。

然而，在決定買槍之後，古應春接下來「除了洋槍，還有大炮，要不要勸浙江買？」的問話，卻讓向來果斷的胡雪巖有點兒猶豫和躊躇，並且最後放棄了買火炮的打算。原來，浙江有個叫龔振麟的，曾經做過嘉興縣的縣丞，道光末年就在浙江主持「炮局」，浙江炮局主要就是製造火炮的。胡雪巖認為，如果他買進西洋炮，由於西洋炮威力大，質量好，必然要頂掉浙江炮局製造的土炮，因而也勢必侵害炮局的利益，引起炮局的妒忌。他們為維護自己的利益，肯定會利用自己多年建立起來的影響，大肆挑剔買洋槍洋炮的弊端，反對浙江購買洋炮洋槍。如此一來，不僅洋炮買不成，恐怕就連洋槍也買不成了。

基於這種對人情世故的考慮，胡雪巖決定捨洋炮而買洋槍，不僅有效避免了對炮局利益的觸及，而且又選擇了一條與眾不同的經營項目，另闢市場，不至於引起同行的反對。雖是同行，卻能夠做到和平共處，這是胡雪巖為了生意的成功而尋求的外部環境。他取槍捨炮的做法，看似縮小了自己的市場，實際上卻是為了開闢另一市場而做出的必要讓步，在這一新市場上，他不會遭到同行的妒忌和反對，也沒有競爭，從而營造出良好的經營空間，贏得更大的利潤。

胡雪巖做生意，向來把人緣放在第一位。所謂「人緣」，對內是指員工對企業忠心耿耿，一心不二；對外則指同行的相互扶持、相互體貼。因此，胡雪巖常對幫他做事的人說：「天下的飯，一個人是吃不完的，只有聯絡同行，要他們跟著自己走，才能行得通。所以，撿現成要看看，於人無損的現成好撿，不然就是搶人家的好處。要將心比心，設身處地為別人想一想。」胡雪巖是這麼說的，更是這麼做的，他的商德之所以為人稱道，很重要的一條，就是把同行的情看得高於眼前利益，在面對你死我活的激烈競爭時，做到了一般商人難以做到的：不搶同行的飯碗。

厚黑有理

同行間為了各自的利益而互相妒忌，似乎已是常情了。由妒忌到傾軋、競爭似乎成了同行間的常事，所謂「同行是冤家」的俗語，講的正是這個道理。

借人之才爲才，用人之力爲力

春秋戰國時期，最激烈精采的不是戰爭，而是對人才的爭奪。人才的得失直接導致王朝的興衰，韓嬰在《韓詩外傳》中說：「殷紂王殺比干，而致殷併於周；陳靈公殺泄治，而使陳亡於楚；弱小的燕國得到了樂毅，遂破強大的齊國……」

劉邦與項羽的勝敗，也是得人用人的經典之例，拿劉邦自己的話說：「運籌帷幄之中，決勝千里之外，他不如子房；鎮國家，扶百姓，給餉饋，不絕糧道，他不如蕭何；連百萬之眾，戰必勝，攻必取，他不如韓信。子房、蕭何、韓信三者皆人傑，吾能用之，此吾所以取天下者也。項羽有一范增而不能用，此所以為我擒也。」因此，劉邦戰勝項羽得到天下當上了漢朝開國皇帝。

通讀歷史，曾國藩很有感觸，於是在他的《雜注》中寫下了這樣一段話，大意是：「打江山創事業一定要有基礎，你的宅基有多大，事業基礎就有多大，就像房間一樣，你蓋得有多大，庇護你的人就有多少。」所以，基礎的打造非常重要。而這個基礎就是人才的舞台。後來的事實也說明，曾國藩的蓋世功業，與他在身邊聚集起能夠和太平天國相對抗的人力資源密不可分。

曾國藩非常注重借人之才為才，用人之力為力，因為他知道古今人們的著述非常豐富，而自己的見識非常淺陋，那麼就不敢以一己之見而自喜，應當擇善而從；他知道自己所辦的事情非常少，所以不敢以功名自居，應當思考怎樣推舉賢才，一起去完成偉大的功業。曾國藩自認為自己屬於「中才」或接近於「笨」的一類，因而注意吸取他人之長，以補一己之短。他的幕府就像一個智囊團，曾國藩常以各種形式徵求幕僚們的意見。

當然，曾國藩深知什麼時候該借人，什麼時候不該借人，可謂睿智。「倚人而起」即跟人做政治賭注。曾國藩說自己近乎「拙愚」，實際上不是，他頗有心機。他無論是在位高權重、一呼百應時，還是在舉足輕重、一言而決時，甚至在他不得志的困辱之時，都不與朝中親貴相交往，因為他不願捲入高層的政治鬥爭中做無畏的犧牲品。當然，這並不等於他與高層尤其是那些在很大程度上掌握生殺大權的人沒有密切的聯繫。他在暗中也是使著「借」字訣的。

曾國藩二十四歲以前，他的足跡從未踏出過湖南，到過的地方只有長沙、衡陽等地。他也像所有讀書人一樣，把科舉考試看做改變自己命運的唯一途徑。在湖南家鄉，除郭嵩燾、劉蓉等，也沒有結識幾個對他以後人生有特別重要影響的人。

曾國藩所打造的湘軍與清政府的其他軍隊完全不同。清政府的八旗兵和綠營兵皆由政府編練，遇到戰事，清政府便調遣將領，統兵出征，事畢，軍權繳回。湘軍則不然，其士兵皆由各哨官親自選募，哨官則由營官親自選募，而營官都是曾國藩的親朋好友、同學、同鄉、門生等。

這樣一來，曾國藩的這支湘軍實際上是「兵為將有」，從士兵到營官所有的人都絕對服從於曾國藩一人。這樣一支具有濃烈的封建個人隸屬關係的軍隊，包括清政府在內的任何別的團體或個人要調遣它，是相當困難，甚至是不可能的。

到後來，湘軍便有了很濃重的私家軍隊的味道，就連朝中都有人悵然說過這樣的話，大意也是朝廷的命令無法調動湘軍，但曾氏一紙手令，部屬便為之千里驅馳，曾國藩的聲望可見一斑。

後來，曾國藩還用聯姻的方式來鞏固自己事業的根基。其中最有名的是與他換過帖子的至交好友劉蓉、羅澤南、郭嵩燾等人，都與他結為了親家，從而在朋友的基礎上又加進了兒女親家的一層更堅固的關係。類似的例子還有很多，如李元度、李鴻章等也都是曾國藩的生死之交，最後親上加親成了親家，有如一家。

擁有這些人才組成智囊團參謀其事，曾國藩最終成就自己的功業，他身邊的這些人能夠成為基幹力量是關鍵，他的合縱連橫之術才是其事業最終發展的保障。

曾國藩認為，一個人無論如何智慧超群，他總是有缺點的，而那些笨人也有自己的可取之處。在同自己的幕僚長期合作的過程中，每遇大事決斷不下，曾國藩就會以各種形式向大家徵求意見，而幕僚們也經常向曾國藩投遞條陳，對一些問題提出自己的解決辦法。

比如，採納郭嵩燾的意見，設立水師，湘軍從此名聞天下，也受到清廷的重視。可以說是曾國藩初期成敗的關鍵。著名的湘潭大捷，與李元度、陳士傑的出謀劃策也分不開。

再如，咸豐十年（一八六〇年），正值湘軍與太平軍戰事的關鍵時刻，英法聯軍進逼北京，咸豐帝令鮑超北上勤王。

這給曾國藩出了一個很大的難題：鮑超是眼下戰場的主力，現在正是要命的節骨眼，如果他一旦北上，湘軍的戰鬥力會減少一半，恐怕再難與太平軍對峙，多年的成果可能都要毀於一旦，但如果不去又萬難找出藉口：還有什麼事比勤王更重要呢？曾國藩讓幕僚們各抒己見，最後終於得出一個「按兵請旨，且勿稍動」的策略，躲過了一次危機。

還有，如採納容閎的意見，支持民族工業，派留學生出國，在後世留下了洋務派領袖的美譽。

上面的例子無不證明，正是因為善於利用眾人的智慧才成就了曾國藩的成功大業。

當然，要建立強有力的關係網，有一個最重要的前提，那就是你對別人有用、有價值，別人才會願意和你交往。

曾國藩以不可思議的速度抵達權力巔峰的過程告訴我們，他的祕訣有兩點，一是善於建立各種關係，一是平時也不忽略加強自身各方面的訓練和累積。

雖然說，如果沒有穆彰阿等人的提攜和引薦，曾國藩就是再有過人之才，他也不可能在十年之內連躍十級。但是，如果沒有曾國藩十年如一日地對自己的刻苦提高，也就不會有人來舉薦他；而且即使有很多人來舉薦他，效果也絕對不會這樣好。所以，機會只屬於那些有準備的人。

我們在看重善於與人交際的同時，也應重視平時的刻苦累積和努力上進。要建立起一個優質的人才庫，僅有慧眼識人的才能是不夠的。作為一名領導者，他必須要有強烈的求才若渴的願望，並用虛心和誠心感動人才，這樣方能用人如器，讓藏龍騰飛，讓臥虎猛躍。在這一點上，曾國藩的做法是很值得借鑑的。

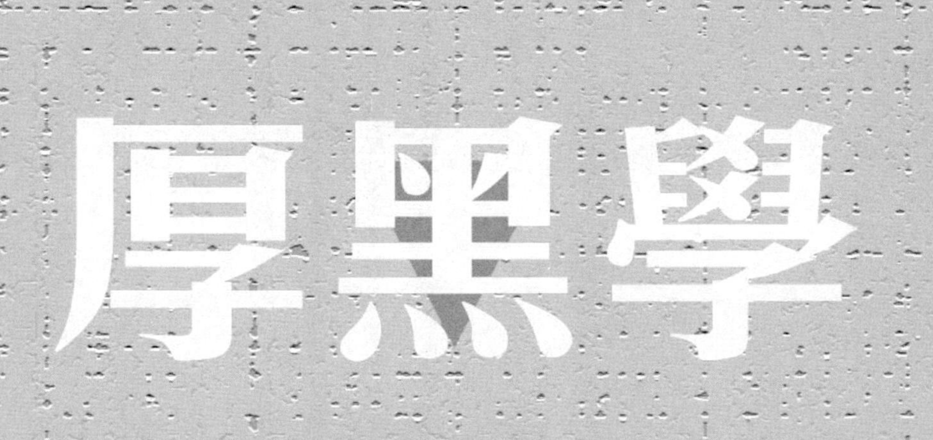
厚黑學

Part 2

商場經營厚黑學

經營生意要善爆冷門

陳龍堅是一個敢冒常人不敢冒之險的成功華商。他專門以「爆冷門」的方式來經營，走別人不敢走或不願走的經營路子。

陳龍堅，祖籍廣東省揭陽縣，一九一三年在泰國出生。由於家境貧困，沒有機會讀中學，十多歲就要做工謀生。但勤奮而有志氣的他，白天做工，晚間到夜校學習，一直堅持了好幾年，獲得了中學畢業證書。

陳龍堅覺得讀書能求理，越讀越有趣味。他透過夜校獲得了中學學歷仍不滿足，繼續利用工餘參加倫敦及芝加哥商科函授課程，終於又獲得了畢業證書。由於有了知識，陳龍堅頭腦更聰明了。他在其兄長開設的舊貨店工作時，常能將本店收購來的舊貨修理翻新，從中獲取較好利潤，為兄長經營的「陳同發舊貨店」賺了不少錢。

第二次世界大戰後，陳龍堅憑其經商的知識和機器修理的技術，認為經營二手汽車買賣是個冷門，在當時的泰國市場有發展前途。於是說服兄長開車行，但兄長不同意。

陳龍堅不肯甘休，反覆勸說兄長，當今世界有不少億萬富豪是靠經營冷門生意起家的。如美國的利惠・施特勞斯公司的創始人就是其中一個。

一八四〇年，他和很多德國人一樣，隨著到美國「淘金熱潮」，落腳加州。到了礦山後，這位年輕人發覺人山人海的人們在夜以繼日地尋金，當地缺飲缺用。他本來是為了淘金而來的，但覺得此時做買賣日用品和涼水更能賺錢，這又是個冷門。於是，他不淘金，改做經營小百貨。果然不出所料，賺得比淘金者多數倍的錢。

後來做生意的人多了，利惠・施特勞斯發現礦工們需要一種耐磨的工作服，而市場上卻沒有該產品。於是，他又鑽冷門，用帆布加工成一種工作服，結果大受礦工歡迎，他又賺了大錢。亦正是這種爆冷門的工作服，以後成為風靡全球的牛仔服，現年銷幾十億美元。

確實，爆冷門是一門有效的經營術，陳龍堅是有其卓見之處的。眾所周知，市場的各種需求是伴隨著人類社會的發展而陸續萌生的。任何一種市場需求的萌生，都是一個待爆的冷門。市場需求不斷向縱深發展，冷門隨之湧現，永無窮盡。因此，爆冷術是一種富有活力的競爭術。一般情況下，企業經營者從這幾方面爆冷門：

一、無中生有

在市場上未出現的產品，但潛在著一種需求，這樣就可以爆出一種新的產品，其必定可以一枝獨秀佔領市場。如美國科學家貝爾發明了電話，而公共電話卻有細菌感染、疾病傳播的弊端，這無意中給人留了一個待爆的冷門。果然有企業生產一種電話筒長效清香殺菌液，贏得賺錢的冷門。

二、人有我好

隨著商品經濟的發展，市場上商品琳琅滿目，類別繁多。對於經營者來說，要開發出冷門的產品確實較為艱難。但是，什麼事物都不會一成不變的。同一類產品，只要做出一點兒與眾不同的並能滿足市場需求的改動，做到人有我好，那就可成為爆冷門的產品。如手錶，長期來市場供應的是機械表，在七〇年代日本率先推出一個不用上弦的石英錶，大爆冷門，一舉擠佔了瑞士手錶的大片市場。

三、於微見著

日常生活中有許許多多小事，但能抓住一件小事做文章，亦可爆出大冷門來。如嬰兒用的尿布，千百年來沒有專門的尿布為嬰兒使用，但日本尼西公司根據家庭一般使用舊棉布做成尿布的弊端，研製出一種吸水力強、用完就扔的紙尿布，深受五大洲的市場歡迎，年營業額數億美元之多，該公司為此發了財。

四、熱中有冷

市場發展常常是一個潮流接一個潮流的，凡是潮流到來，某種產品的經營就熱起來，絕大多數經營者也隨波逐流。但精明的經營者在此時卻可找到冷門，因為熱中總夾帶著待爆冷門。如近年到處出現空調機熱，但順德市卻生產一種古色古香的電風扇，這似乎是一種現代科技的倒退現象，但這種風扇卻十分暢銷。原因是歐美很多家庭喜歡用這種仿古風扇作為裝飾品。

五、無處不有

爆冷門的機會幾乎無處不有，只要留心觀察，處處時時都可找到待爆的冷門。如日本人發現當今空氣污染嚴重，於是生產出一種罐裝的淨化空氣，年銷售幾億美元；垃圾曾一直成為城市的負擔和公害，美國一家保潔公司把它變成建築材料，獲得了不用成本的原料；飲料公司和高爾夫球場常因天氣變幻影響經營，一種天氣預報服務應運而生……

厚黑有理

企業家面臨各式各樣的風險，所以，敢於冒險並敢冒常人不敢冒之險就成了企業家必不可少的精神。

02 投資失利不戀戰

在賭場上，有一種現象十分常見，就是當一個人贏了錢時，不是見好就收，而是期望贏得更多更大，繼續不斷地賭下去；當一個人輸了時，不是適可而止，而是總想要贏回來，「不到黃河心不死，不見棺材不流淚」，舉債都要繼續賭。這叫做「賭徒心理效應」。

股票市場雖然不同於賭場，但賭場上的「賭徒心理」也常見於股市裡。

一旦投資獲利，嘗到了甜頭，再次投資時更有衝勁；一旦投資失利，或發現投資錯誤，不是檢討自己錯在何處，而是怪自己運氣欠佳，期望下一次運氣會好一點兒，能把虧出去的錢贏回來，於是繼續投資，結果繼續虧錢。

索羅斯十分反對這種賭徒式的投資方式。他說：「股市不同於賭市，股票投資與擲骰子賭博根本不同。在股市上，如果覺得投資是正確的，可以增加投資；如果覺得不好，就應該及早退出來，而不要像個賭徒似的，老想著要撈回來。這樣只會損失得更多。」

索羅斯認為，由於一般的投資者不太願意承認自己會犯錯誤，以為承認錯誤是一種恥辱。所以，當他們的投資發生錯誤時，往往無動於衷，根本不去採取任何挽救措施。

「這是愚蠢的做法，」索羅斯說道，「沒有人會不犯錯誤，關鍵是要勇於認錯，並在發現錯誤時及時退出投資專案，然後查找錯誤的原因，避免重犯。」

索羅斯是一個勇於認錯的投資家，而且，當他發現自己錯誤或形勢不妙時，能果斷地做出儘早勿晚撤出投資的決定，從眾人當中脫離出來。如在一九八七年，他預感到日本股市會發生崩盤，當即撤出了東京的全部投資。雖然這次崩盤後來首先發生在華爾街，他也為此遭受了一些損失，但最終日本股市還是崩盤了，他避免了更重大的損失。

「當其他股民都在看好某種股票時，你卻突然撤出，這種行為在別人看來肯定是怪異的，但你不要在意別人的看法，如果你認為自己是正確的，及早退出並沒有什麼可奇怪的。」索羅斯總喜歡這樣對人說。

「識時務者為俊傑」，個人力量無法與股市大勢相抗。當投資出錯時，不再需要「明知山有虎，偏向虎山行」的勇氣，適時而退，及早撤出，這無損於你的尊嚴，卻能保護你的金錢。

厚黑有理

及早退出投資，有時可能會遭受一些損失，但這種策略的最大好處是，當你發現是錯誤的時候，及早撤出，能使你免受更慘重的損失。

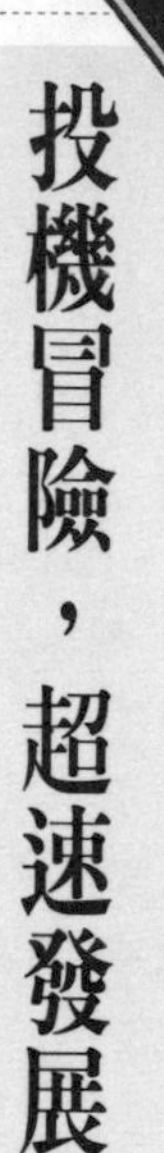

03 投機冒險，超速發展

投機就意味著冒險。說起投機，人們往往持一種貶斥態度。在人們的心目中，投機往往是投機鑽營、搞邪門歪道，投機家也往往是陰謀家、大騙子，這其實是一種誤解，投機本來所指的應該是敏於發現機遇、善於抓住機遇、敢冒風險之意。

奧納西斯說：「現在我幾乎一無所有，如果靠一分一厘的積蓄致富，這完全不合我的天性。唯一的道路就是投機取巧。」從此，這位未來的世界船王開始了他投機、冒險的一生。冒險經營作為一種成功之道，既靠膽，又靠識，冒險不是盲目，不是衝動，而是具有見地的果敢行動。

第二次世界大戰的爆發，給那些擁有水上運輸工具的人帶來了極好的機會，奧納西斯所盼望的時機終於來到了。他的六艘大船一夜之間身價倍增，就像六座浮動的金礦，等到戰爭結束的時候，他已經成為希臘擁有「制海權」的巨頭之一了。

一九五六年十月，蘇伊士戰爭終於爆發了！埃及人接管了運河，宣佈收回運河的主權，英法艦隊則經地中海開往中東，對蘇伊士運河地區的埃及軍隊發起了攻擊。以色列在美國的授意與支持下加入戰團，向西奈半島的埃及軍隊發動了突襲。

戰火籠罩了中東地區，蘇伊士運河斷航了！

早有準備的奧納西斯，已把他的船隊中最好的那部分調到了中東地區，停泊在沙特、阿曼、阿聯酋、伊拉克等處的港口。戰爭可以繼續，而西方各國的石油供應卻不能中斷。一時之間，船隻成了最急需的運輸工具。奧納西斯龐大的閒置船隊，正好填補了這個因戰爭而出現的巨大運輸空窗期，因為其他船東的船或因合約在身不能加入這場利潤極高的角逐，或因還在其他遙遠的地方，一時不能趕到這裡。

各大石油公司開始瘋狂搶租船隻，再不問這些船隻屬誰所有。運費隨之瘋漲。沒有人能準確預言戰爭會在什麼時候結束，因而，現在立即抓住一些船隻，是那些石油公司的老闆們必須要幹的事。

戰爭開始之前，每噸石油的運價是四美元，而現在，它漲到每噸六十多美元。奧納西斯夢寐以求的機會終於來了！

錢開始像海水一樣向奧納西斯的腰包中傾倒，其規模簡直到了甚至在他自己的宏偉夢想中都無法想像的程度。

「你想不賺錢都不行。」奧納西斯發了大財。戰爭前後，他僅在中東的石油運輸中就賺得八千萬美元。一位船主說：「那些石油公司聯手搞垮奧納西斯，而在這個過程中卻使他成了世界上最有錢的人之一。」

在法國和義大利之間的蔚藍色海岸上有一塊彈丸之地─摩納哥公國。這個小公國恬靜、與世無爭地躺在地中海岸邊，不徵關稅，沒有軍隊和稅務員，以蒙特卡羅這一世界賭城而出名，收入的來源也主要是依靠旅遊業和開設賭場。

另外還有一個誘人的凌駕於政府之上的海水浴場公司。這裡常常雲集了世界的大富翁、各國的王公貴族以及他們美麗的太太們。然而這都是第二次世界大戰以前的繁華場景了。二戰以後，這些富豪貴族們已經玩膩了蒙特卡羅賭窟，而去尋找新的樂園，於是這個曾欣欣向榮的小公國就一蹶不振，瀕臨破產了。它的統治者蘭尼埃親王三世不得已開始拍賣曾是這個公國搖錢樹的海水浴場公司。棲息在倫敦的奧納西斯聞訊後立即趕往摩納哥公國，企圖透過掌握海水浴場公司而成為這一公國的主人，並藉此一舉打入歐洲的上流社會。奧納西斯到達摩納哥以後，以各種名目分散地購買了大量的股票，購置了摩納哥海岸邊的大片土地，從而取得了海上浴場公司的控股權。

隨著奧納西斯夫妻的到來，摩納哥公國又恢復了往日欣欣向榮的景象。從此，奧納西斯夫婦就在集於那裡的王公貴族、藝術家、百萬富翁、商業巨頭、騙子和賭徒中間周旋，社會地位和聲望也越來越高。沒過多久，奧納西斯就成了摩納哥公國的實際主人。

由於奧納西斯的周旋和經營有方，蒙特卡羅的賭窟出現了第二次世界大戰以來的第一次盈利。這個小小的公國避免了瓦解的可能，奧納西斯也藉此成功地打入了歐洲的上流社會，並被絕大多數的貴族們所接受，從而實現了自己多年的願望，真可謂「名利雙收」。

對奧納西斯而言，只要能賺錢，冒些風險是值得的。從電話中竊聽資訊來致富，利用中東戰爭大發其財，讓摩納哥公國賭窟再生，巧妙地奪取了國王的權力，他憑著冒險和投機取巧成為一代船王。

厚黑有理

投機加冒險是企業巨頭成功的啟示之一，也是當代企業家超速發展的最佳選擇。投機是一門藝術，是一種預見、預測的本領，帶有智慧性和創造性。

04 冒最大的險，賺最多的錢

近年來，一些成功的企業在營造鼓勵職員進取、創新精神時，提出了一些與傳統觀念相悖的思想。例如，對企業聘用的人員，尤其是管理人員，如果在聘用一年內不犯「合理錯誤」，將被解雇。這裡所說的「合理錯誤」，是指受聘在企業中擔任經營、管理的人員，在經營、管理過程中敢於開拓、創新，敢於冒風險。如果受聘員工不犯這種「合理錯誤」，則說明這個人缺乏創造性，更沒有競爭力。

湯子敬是民國初年重慶工商界聞名遐邇的百萬富翁。他的精明及敢於冒險的精神，頗值得今天的企業家們學習和借鑑。

從多年的經營實踐中，湯子敬獲得的經驗是：企業開得越多越保險。用他的話說：「十個辣椒總有一個是辣的。」這個企業虧了，另一個會賺，互為扶植，使整個集團立於不敗之地。在經營過程中，湯子敬敢於冒險的事例很多，下面隨意列舉幾個：一八九三年，川東一代起義軍反清，聲勢浩大，一般布匹商人手足無措，紛紛拋貨換錢。而湯子敬卻估計清朝不會馬上垮台，於是大膽大量套購別人拋售的貨物，待價而沽。結果起義軍失敗後，布匹行市看漲，湯子敬名利雙收。

第二次世界大戰爆發後，牛羊皮滯銷，原料價格大跌，雖處戰亂之中，湯子敬果斷決定大量收購囤積皮料。戰爭結束後，又高價賣出，盈利數十萬兩。在半殖民地、半封建的舊中國，局勢動盪，民族工商業處在風雨飄搖之中，不時有企業倒閉關門。每當湯子敬看到有企業要垮台時，便挺身而出，大力扶持。在別人看來，這等於把錢往火裡扔，但湯子敬不怕冒險，改組並救活了一個又一個企業之後，把資金都控制在自己手中，極大發展了自己的企業。

英國的「勞埃德」保險公司是世界保險行業中名氣最大、信譽最隆、資金最厚、歷史最久、賺錢最多的保險公司，它每年承擔的保險金額為兩千六百七十億美元，保險費收入達六十億美元。

「敢冒最大的風險，去賺最多的錢。」一直是勞埃德的宗旨，它最大的自豪就是它的開拓創新精神，這就是能敏捷地認識並接受新鮮事物。現任勞埃德總經理說，勞埃德的傳統就是要在市場上爭取最新保險形式的第一名。一八六六年，汽車誕生了，為適應時代發展的需要，滿足客戶的要求，勞埃德在一九〇九年率先承接了這一形式的保險，在還沒有「汽車」這一名詞的情況下，勞埃德將這一保險專案暫時命名為「陸地航行的船」。

勞埃德還首創了太空技術領域保險。例如，由美國太空梭施放的兩顆通訊衛星，一九八四年曾因脫離軌道而失控，其物主在勞埃德保了一點八億美元的險。勞埃德眼看要賠償一筆鉅款，就出資五百五十萬美元，委託美國「發現號」太空梭的太空人，在一九八四年十一月中旬回收了那兩顆衛星。經過修理之後，這兩顆衛星已在一九八五年八月被再次送入太空。這樣，勞埃德不僅少賠了七千萬美元，而且向它的投資者說明：從長遠看，衛星保險還是有利可圖的。

厚黑有理

一個平庸保守、不敢冒任何風險的人，在工作中喪失的機會要比捕捉到的機會多得多，對企業造成的損失將無可估量，是絕對不可能有所建樹的。

05 勇於探索，搶佔商機

李嘉誠經過幾年生活的磨煉之後，逐漸成熟了起來。做推銷工作的這段時間雖取得了一定的成功，但再努力畢竟只是一名高級「上班族」，而他所管理的塑膠企業、塑膠公司的財產畢竟是董事長的，失敗的最終承擔者也只有董事長本人。企業的成敗都與李嘉誠的關係不大，這使十分渴望向社會證明自身價值的李嘉誠下定決心要自立門戶。因此無論老闆怎樣賞識，再三挽留，他都決意要離開，他要用自己平日點滴的積蓄從零開始，親自創業。

一九五〇年夏天，說做就做的李嘉誠以自己多年的積蓄和向親友籌借的五萬港元在筲箕灣租了一間廠房，創辦了「長江塑膠廠」，專門生產塑膠玩具和簡單日用品，由此起步，開始了他叱吒風雲的創業之路。

在創業最初的一段時期，李嘉誠憑著自己的商業頭腦，以「待人以誠，執事以信」的商業準則發了幾筆小財。但不久之後，一段慘澹經營期來臨了。幾次小小的成功，使得年輕且經驗不足的李嘉誠忽略了商戰中變幻莫測的特點，他開始過於自信了。幾次成功以後，他就急切地去擴大他那資金不足、設備簡陋的塑膠企業，於是資金開始周轉不靈，工廠虧損愈來愈重。過快的擴張，承接訂單過多，加之簡陋的設備和人手不足，極大影響了塑膠產品的質量，迫在眉睫的交貨期使重視質量的李嘉誠也無暇顧及愈來愈嚴重的次品現象。於是，倉庫開始堆滿了因質量問題和交貨的延誤而退回來的產品，塑膠原料商開始上門催繳原料費，客戶也紛紛上門尋找一切藉口要求索賠。

從做生意開始就以誠實從商、穩重做人處世的李嘉誠付出的代價是很慘重的。這種代價幾乎將李嘉誠置於瀕臨破產的境地。

這段時間，痛苦不堪的李嘉誠每天睜著佈滿血絲的雙眼，忙著應付不斷上門催還貸款的銀行職員，應付不斷上門威逼他還原料費的原料商，應付不斷上門連打帶鬧要求索賠的客戶，以及拖家帶口上門哭哭鬧鬧、尋死覓活要求按時發放工資的工人們。

充滿自信心的李嘉誠做夢也沒有想到，在他獨自創業的最初幾年裡，初嘗成功的喜悅後，隨之而來的卻是滅頂之災。一九五〇年到一九五五年的這段沉浮歲月，直到今日，李嘉誠回想起來都心有餘悸。這是李嘉誠創業史上最為悲壯的一頁，它沉痛地記錄了李嘉誠摸爬滾打於暴雨泥濘之中的艱難歷程，它用慘重的失敗反映李嘉誠成功之路的坎坷不平和最為心痛的一段際遇。

在種類繁多的塑膠產品中，李嘉誠所生產的塑膠玩具在國際市場上已經趨於飽和狀態了，似乎已經沒有足夠的生存能力。這就意味著他必須重新選擇一種能救活企業、在國際市場中具有競爭力的產品，從而實現他塑膠廠的「轉軌」。其後他果然從義大利引進了塑膠花生產的技術，並一舉成為港島的「塑膠花大王」。

創業艱辛，但艱辛中又有著成功的快樂。李嘉誠在其早年的創業實踐中，抱著「摸著石頭過河」的心理，從開始的迷惘之中尋找到了一條致富的捷徑。

一、重視時機和資訊的運用

從李嘉誠的創業史，我們不難看出他對時勢的準確判斷和創業時的獨立果敢，而這都建立在他對資訊的分析和把握上。另外，由於資金不足，李嘉誠採取「以農村包圍城市」的戰略方針，以最少的錢辦最大最多的事，並根據創業的不同時段採取有效對路的管理工作方式，因而初戰告捷。更值得指出的是，李嘉誠從兩條看似風馬牛不相及的資訊中分析出全世界將會掀起一場塑膠花革命。而此時的香港，塑膠花的生產和銷售尚為零。李嘉誠洞察先機，全力投入。

二、重視質量，善於公關

李嘉誠創業過程中十分注意抓品質管制，並自覺運用公關手段解除危機。例如，創業不久，李嘉誠因追求數量而忽視了質量，使長江廠四面楚歌。面對挫折，李嘉誠採取「負荊」拜訪等幾手招數，起死回生。而當同行競爭短兵相接時，一些廠家拍攝長江廠的破舊廠房在報刊發表，企圖以揭短的反面宣傳使長江廠信譽掃地。李嘉誠卻將計就計，運用太極推手的精義，突出奇兵，充分利用了這種免費宣傳，正面宣傳了自己。

三、學習先進技術，把握市場脈搏

李嘉誠為了尋找企業的新出路，不惜以旅遊簽證飛赴義大利學習塑膠花技術，以香港經銷商和上班族的多重身分進入塑膠公司，透過耳聞目睹和與技術工人交朋友等多種手法獲取了第一手資料。因而，回到香港後，搶先生產出塑膠花，又以高瞻遠矚的準確定位牢牢掌握了市場。爾後，又看好股份制，借雞生蛋，使長江實力迅速擴充。特別值得指出的是，李嘉誠十分注重市場的把握，他立足穩定後又想方設法繞過洋行中間商，直接與外商交易，牢牢掌握了主動權。終於，以其精誠，以其一生中最大的一次冒險贏得了歐洲和美洲的大客商和市場，成為全球首屈一指的「塑膠花大王」。

四、進入房地產市場，採取穩健戰略

應該看到，李嘉誠獲得成功的重要轉捩點是進入房地產市場發展。但與眾不同的是，李嘉誠挺進房地產的原則是謹慎入市、穩健發展。具體做法是不賣樓花，不貸款，不抵押，只租不售。有效地避開銀行擠提、地產危機。特別是在六〇年代後半，香港地產有價無市，到處賤價拋售物業。李嘉誠審時度勢，人棄我取，趁低吸納，這一招奠定了他成為香港首富的基石。而由於採取了穩健戰略，使得李嘉誠能夠擊敗置地，競投地鐵中環站和金鐘站上蓋興建權中標，這是李嘉誠以弱勝強的戰例之一，其中李嘉誠的精確分析及周密行動令人嘆服。

五、把握投資策略，在耐心中求發展

李嘉誠進入房地產投資領域之後，有效地把握了投資的策略。他針對當時的市場需求，相繼興建多個大型屋村，贏得「屋村大王」的稱號。而且在補地價的時機選擇和換地的超前籌畫方面，令人叫絕。為了奠定自己的堅實地位，李嘉誠的大型屋村醞釀十年方始出台，讓人佩服李嘉誠的深厚功力，而在土地拍賣場上，他又被稱為「擎天一指」。更值得指出的是，他以長遠的眼光與胡應湘聯合推出的「西部海港—大嶼山戰略發展計劃」，催生了中英兩國政府的新機場建設規劃，這一切都是大手筆。

厚黑有理

失敗其實並不是重要的，最重要的是失敗之後是否仍有信心，能否繼續保持或者擁有清醒的頭腦。像任何身處逆境的人一樣，李嘉誠經過一連串痛定思痛的磨難後，開始冷靜分析國際經濟形勢變化，分析市場走向。

06 水不外流，獨資經營

中國人有句老話，叫做「肥水不流外人田」。就連種地的農民也懂得自家灌溉的肥水不應流到相鄰的土地上去的道理，而作為以盈利為目的的商人，如果經商時放棄自己即將到手的商業利益，不是連起碼的常識也不懂嗎？

二〇年代中期，永安堂在上海設了分行，花了很多錢在上海各大報刊登大幅廣告。收效很大，萬金油在江浙地區暢銷。這個事實使萬金油大王胡文虎懂得，藥品的銷路迅速增加，不僅要靠它本身頂用的實惠，報紙廣告宣傳的作用也不可忽視。他掐指一算，覺得要花那麼多錢去登廣告，實在不是辦法。

如果自己有了報紙，豈不是可以大登特登虎標藥品的廣告？而且有了報社還可以兼營印刷業。四種虎標藥品每年需要印大量包裝用品及說明書，這筆開支也很大。

辦了報紙之後，原來支付給人家的廣告費和印刷費就變為報社的收入，而且還可以宣傳自己，抬高自己的社會地位，真是一舉數得。於是他於一九二九年在新加坡辦起了他的第一家報紙，這使他的事業更加迅速地發展起來。我們有時常常需要與別人合作而分利於人，這在條件不夠充分時是必要的，但如果我們具備了過程自己把握的實力，就應該採取「不讓利法則」，將利潤牢牢抓在自己手中。

胡文虎開辦報社就是這樣一著自收廣告利潤、印刷收入、擴大社會影響的一舉三得的妙棋。

香港地產商郭得勝新鴻基地產的成功，與它經營上的不讓利法則有著密切的關係。一般的地產公司，其附屬業務不外包括建築、財務及管理而已，而新鴻基地產的業務都是垂直的，當購入土地以後，幾乎內部已有其他業務聯合，不假外求，它自己不但有樓的設計圖樣，還有貿易部門購入建築材料，亦投資混凝土生產，並設有多家建築公司，包括電器及消防工程部門。自然，他們還是自行賣樓，並提供售後的財務、保險、管理乃至清潔的服務。

這哪是其他公司所能比擬的呢？正是依靠這種「肥水不流外人田」的做法，將本公司相關業務中有利可圖的生意都儘量自己做了，從而此公司發展一日千里。

獨資經營有如下的優點：

㈠易於組織和停辦。獨資經營是最簡單的企業組織形式。經營這種企業不必取得政府特殊批准，業主能在任何時候擴大業務或停辦。

㈡行動和控制自由。獨資經營的所有者就是老闆自己，只要遵紀守法，經營者享有完全的管理自由，如可以隨意制定經營方針、制度，按自己意願雇用和辭退雇員，甚至可以自由地犯一些錯誤即不是導致失敗的大錯。

㈢無需分配利潤。獨資經營的利潤屬於經營者自己，無需與其他人均分。

厚黑有理

在商業經營中，「肥水不流外人田」的原則也可運用於獨資企業的經營方面。當一些適合於獨資經營的項目不必與人合作時，因為這些專案不需投入大量的資金，又能獨自籌到資金，故可以用獨資經營的方式來開辦。

07 誠實爲經商之本

俗話說「無商不奸」，是指在商業經營時運用正確的謀略和計策來擊敗對手，而不是指在運營生產中的欺騙手段。所以，一個成功的商人總是具有誠實、公正、堅毅等難能可貴的品德。

吳舜文是台灣最有影響的女企業家之一，一九七三年她曾當選為台灣第一屆十大企業家。她因在企業管理方面的成就於一九七三年與一九七七年先後被美國甘迺迪學院授予榮譽法學博士和聖諾大學名譽商學博士。

吳舜文是一個難得的人才，她具有守信、誠實、儉樸等很多難能可貴的品質。她畢生身體力行。結婚以後才上大學，四十歲出國念研究生，七十歲開始學書法。這種鍥而不捨的精神實屬少見。

她經營管理的觀念是眾多人津津樂道的。她把「義」放在首位，「利」居其次，她把發展民族工業作為企業的崇高理想。在台灣企業家偷稅漏稅嚴重的情況下，吳舜文則是例外，一九八六年她是台灣納稅排行榜的冠軍。

她經營企業，理想高、眼光遠，不投機圖近利，肯務本求實。她在研究發展上敢於巨額投資，在台灣也是出了名的。她投入鉅資，興建「裕隆汽車工程中心」，就是一個例證，她曾這樣說：「投資設計中心的宗旨，是為了工業發展，而不是為了自己的利益，既然方向正確，就不如放手去做。如果成功了，就對大眾有貢獻；失敗了，對歷史有所交代，也相當光榮。」

她的工程研究中心，每年的研究經費達四億元台幣，每天耗資一百一十萬元台幣。每年花費在買書上的經費就達一百五十萬到兩百萬元台幣。前行政院院長孫運璿公開講：「吳舜文是台灣唯一看到研究發展至為重要的企業家。」

吳舜文在管理中也實行了幾條有效的改革，比如她採取「目標管理」，即由員工每年提出一份切實可行的年度計劃，再分解為每月目標，據此檢查工作。

她還在台灣首創「三班制」。一九六〇年她掌管台元紡織品公司後，第一個重大決策就是把兩班制改成「三班制」，減少了工人的工作時間，發放同樣的薪水，取得了良好效果。由此產生的是台元的工作效率與技術水準大大提高，產量增加，質量提高，產品打人了國際市場。

總之，吳舜文的一生是成功的一生，她具有豐富的知識與高度的智慧，凡事追求完美。她性格中最大的特點是意志力堅強，好勝，不服輸，同時也勇於創新。這是一個天生企業家的條件，難怪她把事業經營得如此成功。

松下幸之助最早創立松下公司時，尚不瞭解國家的納稅法規，因此為了決定納稅額，邀請稅務人員到其公司來辦公。當時松下公司做的是小本生意，營業額只有一些，因此很順利地通過核准。但後來隨著經營的擴展，松下將營業額一一呈報上去，三百元、一千元、兩千元……以後逐年增加為一萬元、兩萬元等，從不虛報。此時稅務人員還是親自到辦公室去調查，並擺出不信任的樣子。公司人員十分惱火，但松下認為，誠實地呈報，無論賺再多的錢，本來就是世人的錢，不妨隨他扣吧。由於松下堅持這種誠實納稅的原則，因而在一段時間後取得了納稅機關的信任，而納稅的事反而更加簡單和順利了。可見經商的方針不同，各自所採取的手段也不同。

聰明的商人把錢看成是寄存在身邊的東西，就能果敢有效地使用金錢，讓金錢回歸社會，既敢於承擔責任，又能使我們所擁有的社會更加欣欣向榮。松下幸之助的這種經商的方針無疑是對社會有利，對企業有益的。

08 信譽就是財富

中國自古就有「民以食為天，商以信為本」之說，海內外成功的華商都是恪守中華民族的傳統美德：誠實、守信。以誠實獲利，以信用獲得美譽。

古時候，有信譽作為戰爭武器取得勝利的方法。著名軍事家劉伯溫曾說：戰爭是詐術之一，但作為戰爭的統帥卻不能以詐術來統領軍隊。所以孟子說：「在軍事戰爭中採用詐術不可損害自己的信譽。」劉伯溫對商人的不講信譽更為厭惡，他借《鬱離子》之口說：「有人說商人是重財而輕信的人，開始我還不相信，現在我才知道真有這樣的人。」孟子也說：對於商人重利輕信的固有習性和做法不能不謹慎小心。

戰國時期，商鞅實行變法。為了取信於民，他先做了件立信的事。一天，他指著南門的一根三丈長的木杆說，誰能把它搬到北門，賞給十金。很多人不信，認為這根木頭連小孩兒都扛得動，哪用得了十金？商鞅又說：有能扛去者，賞五十金。這時有人抱著試試看的心理，把木頭扛到了北門。

商鞅果然賞給此人五十金。這時老百姓才相信了，說：「商鞅是一個守信用的人。」這時他再推行變法，秦人皆信，變法很快推開了。由此可見，「言必信，行必果」是立信的關鍵。

縱觀現代商業市場，信譽之戰已成為企業生存的關鍵。取信於民成為企業發展的重要手段，「凡是應承的，都要做到」。這是作為當代商人所必須做到的。

一九六八年，日本商人藤田田曾接受了美國油料公司訂製餐具三百萬個刀與叉的合約。交貨日期為九月一日，在芝加哥交貨，要做到這一點就必須在八月一日從橫濱出貨。

藤田田安排了幾家工廠生產這批刀叉，由於他們一再延誤工作，預計到八月二十七日只能空運交貨。

藤田田就租用泛美航空公司的波音七〇七貨運機空運，交了三萬美元（合日元一千萬元）空運費，貨物及時運到。雖然損失極大，但贏得了客戶的信任，維持了良好的合作關係，並保證了信譽。

像藤田田這樣的著名企業家，將信譽看成是企業的唯一生命，這樣的舉動真是令人感到欽佩了。

一些企業為了眼前利益，大量製造、傾銷低次產品，把自己很響的牌子砸了，這無異於殺雞取蛋，只有愚人才這樣做。

在現代市場經濟條件下，信用、信譽更是商人價值連城的無形資產。包玉剛爭奪香港最大的碼頭—九龍倉的控股權，就是以其在香港銀行長期良好的信用記錄，與英國財團展開了一場收購與反收購戰，在短短的幾天裡，調動了二十多億元現金，從而贏得了這場號稱「世紀收購戰」的勝利。包玉剛曾經說過：「如果在金錢與信譽的天平上讓我選擇的話，我選擇信譽。」包玉剛重信譽、守信用的品格在香港商界、實業界、金融界是有口皆碑的。他那「言必信，行必果」的豪爽作風，使其朋友滿天下。

包玉剛常說：「簽訂合約是一種必不可少的慣例手續。紙上的合約可以撕毀，但簽訂在心上的合約是撕不毀的。人與人之間的友誼應該建立在相互信任的基礎上。」他恪守信用，從不誇海口，而是實實在在的一步一個腳印地擴展他的業務量。

一九七〇年，航運市場看好，許多公司都積極爭取在日本造船，船廠幾乎不肯接受訂單。沒多久，市場狀況發生逆轉，許多船隻都租不出去，建造中的船隻總噸位急劇下降。可是包玉剛仍然不斷地向日本訂船。一九七一年，差不多是在船運市場最糟糕的時候，包玉剛訂造了六艘船，總噸位是一百五十萬噸，從而解了船廠的燃眉之急，所以，後來包氏在日本造船總是能一帆風順，而且被日本的造船界譽為：「我們最尊貴的主顧。」

金利來的開創者曾憲梓先生自始至終奉守「勤儉誠信」的經營理念：勤能補拙，儉能守業，而唯誠和信，則是長期取信於消費者，使金利來獲得永續經營、開創名牌基業的根本所在。金利來的經營理念主要表現在堅持「不做騙人生意」這一樸素的商業道德觀方面，具體表現在對產品的質量與品質的追求上，盡善盡美，一絲不苟，使消費者感受到購買金利來就是在享受上乘的、精美的產品，增強對金利來的信心。

厚黑有理

商業上自古就信奉「店譽貴似金」、「人無信不立，店無譽不興」、「千金易獲，信譽難得」、「笨拙的店主只知賺錢，聰明的店主最重信譽」、「店門八字開，信譽引財來」、「商店信譽勝萬金，一舉一動要留心」、「信譽就是財富」。成功的企業都是那些講誠、信的企業。

Part

3

商場謀利厚黑學

01 先賠是爲了後賺

據說，日本繩索大王島村芳雄當年到東京一家包裝材料店當店員時，薪金只有一萬八千日元，還要養活母親和三個弟妹。因此他時常囊空如洗。

有一天，他在街上漫無目的地散步時，注意到女性們，無論是打扮時髦的小姐，還是徐娘半老的婦人，除了都帶著自己的皮包之外，還提著一個紙袋，這是買東西時商店送給她們裝東西用的。

他自言自語：「嗯！這樣提紙袋的人最近越來越多了。」島村芳雄這樣一想，整個的心就被紙袋和繩索占住了。

兩天後，他到一家跟商店有來往的紙袋工廠參觀。果然，正如他所料，工廠忙得不可開交。參觀之後，他怦然心動，毅然決定無論如何非大幹一番不可，將來紙袋一定會風行全國，做紙袋繩索的生意錯不了的。島村芳雄雖然雄心勃勃，但苦於身無分文，無從下手，資金問題一直困擾著他，最後他決定到各銀行試一試。

一到銀行，他就對紙袋的使用前景，紙袋繩索製作上的技巧，及這項事業的展望等說得頭頭是道，但每一家銀行聽了他的打算之後，都冷冷淡淡地不願理睬他，甚至有的銀行以對待瘋子的態度來對待他。島村芳雄決定把三井銀行作為目標，連續幾次前去展開攻擊。然而他的熱心，在三井銀行也沒有得到同情，起初態度冷淡得連他的話都不願聽的職員們，過了幾天，對他的蔑視的態度就逐漸表面化，終於耐不住厭煩地大發脾氣，一看到他就怒目而視。有時他一來，大家就發出一陣哄笑來取笑他，有時乾脆把他趕了出去。

皇天不負苦心人，前後經過三個月，到了第六十九次時，對方竟被他那煞費苦心、百折不撓的精神所感動，答應貸給他一百萬日元。當朋友和熟人知道他獲得銀行貸款一百萬日元後，紛紛借給他資金，就這樣他很快就籌集了兩百萬日元的資金。於是島村芳雄辭去了店員的工作，設立凡芳商會，開始繩索販賣業務。他深信，雖然他的條件比別人差，但用自己新創的「原價銷售商法」做下去，一定能在競爭激烈的商業界站穩腳跟。首先，他前往產麻地岡山的麻繩廠，將該廠生產的每條四十五公分長的麻繩以五角錢大量買進，然後按原價轉賣東京一帶的紙袋工廠。

這種完全無利潤反賠本的生意做了一年之後，「島村芳雄的繩索確實便宜」的名聲遠揚，成百上千的訂貨單就從各地源源而來。接著，島村芳雄按部就班地採取他的行動。他拿著購物品收據前去訂貨客戶處訴說：「到現在為止，我是沒賺你們一分錢，如果這樣讓我繼續為你們服務的話，我便只有破產這條路可走了。」

客戶為他的誠實所感動，心甘情願地把交貨價格提高為五角五分錢。同時，島村芳雄又到岡山找麻繩廠的廠商商洽：「您賣給我每條五角錢，我是一直照原價賣給別人的，因此才得到現在這麼多的訂貨。如果這樣無利而賠本的生意讓我繼續下去的話，我只有等關門倒閉了。」

岡山的廠商一看他開給客戶的收據存根，大吃一驚，像這樣自願不賺錢做生意的人，他們生平頭一次遇到，於是就不加考慮，一口答應供給他的麻繩每條只收四角五分錢。如此每條賺一角錢，每天的利潤就有一百萬日元。創業兩年後，他就名滿天下，同時把凡芳商會改為公司組織，創業十三年後，他每天的交貨量至少有五千萬條，其利潤實在難以計算。現在的袋子繩索更是講究，有塑膠帶、緞帶、絹帶等，每條賣價五日元左右。有些高級品的利潤更為可觀。

市場競爭制勝之道何在?從島村芳雄的成功中我們可以發現：第一，要有先見之明，要善於捕捉時機。島村芳雄早就預料到紙袋流行的時代一定會到來；第二，「吃虧就是佔便宜。」

島村芳雄的原價推銷法只賠不賺，虧了自己，「肥」了他的客戶，使客戶從他那兒嘗到了「甜頭」。於是，島村芳雄獲得了成百上千的訂單。而吃虧經營感動了為島村芳雄借貸的廠商，使他們主動壓低供價；也感動了客戶，使他們主動要求抬高購買價格。他的原價售銷法使他得到了商業界的信任，顧客自動替他宣傳，使他無往而不利，在幾年間就從一個窮光蛋，搖身一變成為日本繩索大王。

厚黑有理

在企業的經營方面，過於精明反而不是一件好事。有時適當地吃點虧，卻能帶來較大的收益。

寧以小損換大局，不以小利失大益

在現實生活中，同行相妒，同行是冤家，為了實現高額利潤、獲取一己之私利，商人們總是想獨佔市場，總想把同行擠垮，他們在處理行業的關係上，總是互相攻擊、互相欺騙，這是一些貪利而忘義的愚者的行為。他們的形象總是給人一種「奸商」、「貪商」的印象。孔子所推崇的「以和為貴」是中國人古往今來人際交往的傳統美德。在孔子等先哲看來，「和」是辦好一切事情的前提，只有大家和睦相處、齊心協力，才有可能把事情做好；否則，彼此爭鬥，相互不容，就只能把事情搞糟。我們在經商活動中也是如此。中國有句俗話：「和氣生財」，說的也是這個道理。要想和氣生財，就必須以「義」為先。如果為了貪圖一己私利而毀棄朋友之義，即使你在人際交往中做得再好，也不會「和氣生財」。

隨著現代商業的發展，一家一戶的小農思想已經不能適應現代商業經營的需要。行業化、集團化的經營方式已經出現，只有聯合起來，才能具有競爭力，才能佔領市場，才能獲及真正的市場主動權。

作為一個有智慧的商家，就一定要具有長遠的戰略眼光。只有這樣，才能在激烈的競爭中獲勝。相反，今天與這家公司爭小利，眼睛死死盯在眼前的利益上，一方面會因把精力耗於此種競爭上而無精力去「造大勢」；另一方面會因爭小利而得罪周圍的同行，樹敵過多，被人聯合而攻之。

所以，聰明的商人千萬不要「鐵公雞一毛不拔」；相反，倒要經常讓些小利給別人。讓小利於別人，眼下好像吃了點兒虧，但從長遠觀點看並非吃虧。讓小利於別人，別人不僅不會因爭利而與你敵對，反而會生出感激之情，信任於你。取得別人的信任比什麼都重要，而取得同行的信任就更為重要。信任你的同行不僅不會暗拆你的牆角，關鍵時刻還會幫你一把。即使不能幫你，也不會落井下石。

人們從商的目的，無非是為了追求利益，但這種利益與商家的努力是成正比的。如果以戰爭手段去搶奪，那麼你「失去的東西，永遠比得到的更多」。

在戰爭中，以小損而換大益是戰爭中的重要戰術，這種重要戰術又稱為「損」戰。

吳越之戰，越國便有計劃地腐蝕了吳國的軍心；蒙古人征服中國後也被迅速地腐化了；越戰中的美國軍隊，也在毒品與性病的攻擊下遭到嚴重傷害，甚至危及美國本土的社會結構。這正是以小失而得大益的事例。在上面的事例中，「失」的目的在於「得」，以「失」誘敵上鉤，然後一舉殲之，即小爭而得大益之法。

新中國成立前，煙台啤酒廠在上海各大報紙上刊登了一則啟事：某日，「新世界」按正常門票價格出售門票，持門票進入「新世界」後，由煙台啤酒廠贈給洗臉毛巾一條（上有「煙台啤酒廠贈」字樣）。然後，遊人可免費喝啤酒，喝酒多者，按前三名順序分別予以厚獎。消息發出，上海市新世界門前萬頭攢動，人們爭先恐後進入「新世界」，致使南京路上人山人海，交通堵塞。這一天，四十八瓶一箱的啤酒被喝掉了五百箱。上海市的各家報紙繪聲繪色地報導了這次啤酒比賽的盛況以及獲獎者的得意之態，整個上海為之轟動。

煙台啤酒廠雖然在這次活動中花了不少錢，表面上看是吃了虧，但它因此而佔據了上海啤酒市場，撈了個大便宜。這種「吃小虧占大便宜」的做法，沒有魄力的廠家是很難做到的。

在戰爭中，愛兵如子可能是所有將帥的美德，所以，損失士兵的事是統帥所不願意做的，但有時為了獲得戰爭的勝利也不得不做出犧牲，因此，以小損換大益正是在一定程度上最大的保存了士兵的利益。

《史卒險中記載，澠池道中有車載著瓦甕，堵塞在狹窄的路上。正趕上天氣寒冷，冰雪蓋路又陡又滑，進退兩難。天色將晚，公家的和私人的旅客成群結隊走來，數千車馬擁擠在後面，毫無辦法。這時有一個叫劉頗的旅客，催馬趕來，問道：「車上的甕能值多少錢？」回答說：「七八千。」劉頗立即打開包裹取出銀子，全部將甕推到山崖下。不大一會兒，車載輕了能夠前進，後面的車隊也喊叫著前進了。

劉頗在無可奈何的情況下，權衡利弊，當機立斷地採取行動，以小損換大益的行為，在當今社會也是十分需要的。

在激烈競爭的商戰中，商人們為了擴大經營和發展生產，在與同行或與顧客之間不惜採取欺騙手段，這種現象屢見不鮮。從商業道德的角度來看，商業經營者應該摒棄這種做法，這不僅是客觀環境的要求，而且也是對商業管理人才的品德要求。

薄利也能厚謀

很多人也許聽說過啞巴賣刀的故事：啞巴由於無法叫賣，只得坐在地上用刀一截截地切鐵絲，人們看到他的菜刀如此堅硬、削鐵如泥，便紛紛購買，一搶而光。

在十九世紀末，英國北部里茲市，有一個年輕人也是用類似的方式來售貨的，所不同的是，他並非天生的啞巴。

這個年輕人名叫馬克斯，是波蘭猶太人，出生於一個貧苦家庭。他的母親因為難產而過早地離開了人世，馬克斯是由他的姐姐撫養大的。十九歲時，他已長成一名強壯的青年，強烈的責任感使他覺得不能再依賴家人生活了，必須自立自強。於是，在一八八四年，他毅然離開家鄉，隻身闖入英國碰運氣。

當他到達里茲城時，已經身無分文了，而且語言不通。值得慶幸的是，這裡聚集了許多猶太人，他們很樂意接濟新來的本族人。有個叫杜赫斯特的猶太富商，專做批發百貨生意，他覺得馬克斯為人忠厚，卻因不懂英語，很難找到職業，便主動借給這個青年人五英鎊，要他做點兒小買賣維持生活。

當時，五英鎊可不算個小數目，馬克斯決定用這筆資本做小商販，剛好杜赫斯特是百貨批發商，取貨不成問題。

由於馬克斯不懂英語，售貨時不好討價還價，所有貨物清一色售價一便士，並打出招牌「不要問價錢，每件一便士」，以此招攬顧客。

他的經營方式也與眾不同，別人都是想儘量把手邊的貨賣掉，而馬克斯總是收集各種好貨色放在攤上，然後以同樣的價錢出售，並用開架的陳列方式，讓顧客任意挑選貨物。不久就樹立了品質優良、價格公道的形象，很多顧客都來光顧馬克斯的露天攤位。

兩年後，馬克斯的生意有了一定的發展，他又將「便士市集」開到約克郡和蘭開夏，聘請一批女孩子當售貨員，他自己則奔跑於各地。由於業務發展太快，馬克斯越來越感到資金與能力均不足以應付目前的形勢，要求批發商杜赫斯特與之合股，這時他所欠的五英鎊早已還清，對方已不再是債權人了。

杜赫斯特無意去做零售商，就把自己的理帳員斯賓塞介紹給馬克斯，斯賓塞投資三百英鎊，加入「便士市集」合股人。斯賓塞是土生土長的英國人，具有相當的經營頭腦，在他的策劃之下，「便士市集」業務發展更加迅速。

到一九〇三年時，「便士市集」及零售商店激增至三十六家，商店已經打出「馬克斯・斯賓塞」的招牌，在倫敦鬧市也設立了一家百貨店。

不久，斯賓塞和馬克斯先後去世了，身後留下了「馬克斯・斯賓塞」公司，以及那一套獨有的經營傳統——薄利多銷，物美價廉。

馬克斯的後輩們成功地繼承並發揚了這一傳統。

一九七二年，西夫勳爵就任該公司董事長，他向公司的全體員工說：「如果我們公司的商店賣的這些東西的質量達不到可供我和我的家人吃或穿的水平，那就不能拿出來賣。」

為了保持這種信譽，並且區別於其他零售商，他們給公司出售的商品都掛起了「聖・蜜雪兒」的商標。全公司的兩百六十多家分店中，清一色都是這個牌子的商品，而在其他的任何一家商店中，「聖・蜜雪兒」的商品是絕對不可能出現的。

所以，馬克斯・斯賓塞公司的商店至今都不給顧客開發票，顧客退貨也無需發票，因為店方根本不會問你為什麼要退。

公司並不像大多數零售商那樣，從供應商手中購買成品，而是靠自己擁有的百名訓練有素的技術人員與製造商合作，對商品設計、原料選擇、生產工序以及質量檢驗等方面進行研究，按公司的要求進行生產，以確實保證「聖・蜜雪兒」商品的優越性。

他們都自豪地宣稱：「我們是第一家要求製造商生產消費者需要的產品，而不是他們生產什麼我們就進什麼貨的公司。」

馬克斯・斯賓塞公司對外從不靠廣告宣傳，但他們的聲譽和名望卻不告而知，在英國無人不曉。

一次，一個電視記者在公開場合採訪前首相柴契爾夫人，問她的內衣從哪兒買的，首相說：「怎麼啦，當然是馬克斯・斯賓塞，人人都上那兒買東西，不是嗎？」

從事廣告業務二十多年的廣告公司主席米勒認為，馬克斯・斯賓塞公司的名聲確實很響亮，這從廣告的角度是反常現象。其實，有了優質的商品，有了響亮的牌子，他們當然不需要花冤枉錢去做廣告了。

一個多世紀以來，馬克斯・斯賓塞公司透過幾代人的努力，已經擺脫了地攤集市和小本經營的地位，成為雄踞世界著名工商企業之列的大公司。

厚黑有理

倘若有數以百萬計的人在你的商店川流不息，最有效宣傳方法就是口碑。只有當口碑不能快速傳遞商品的動態時，才真正需要廣告。

04 眼光放遠，周密規劃

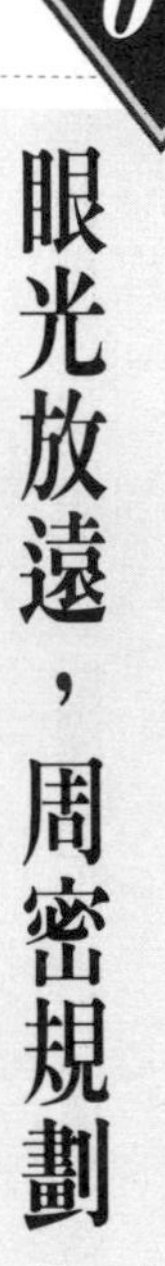

在內地投資方面，李嘉誠一貫持放長線釣大魚的投資策略，終於得到了回報。正所謂十年耕耘一朝收穫，李嘉誠終於以其誠心和耐心迎來了內地投資的黃金時期。

一九九二年四月二十七日至二十八日，江澤民、楊尚昆、李鵬等分別會晤李嘉誠。李嘉誠旋風般從北京飛赴汕頭，又急轉深圳。五月一日，宣佈成立第一個在內地註冊的聯營公司，其決斷及辦事的高效令人驚歎。他一方面投資深圳鹽田港，表現了自己的深謀遠慮；另一方面，他在廣州興建七十三層高的國際金融中心大廈。他還在上海投資六十億建設貨櫃碼頭，與香港互為犄角，並成為亞洲首席私營貨櫃碼頭大王。另外，在上海、福州、重慶等地，李嘉誠投資房產及康居工程，名利雙收。而李嘉誠在內地投資最具爭議的項目是北京王府井的東方廣場。在這個專案裡，充分顯示了李嘉誠精明成熟的商業天分。

李嘉誠與郭鶴年於一九九二年聯手獲得王府井舊址發展權，新財團將在此興建特大型商業購物中心─東方廣場。

一九九二年六月，北京市政府放出風聲，表示可以考慮與外商合作王府井舊城區改造工程。一時間，香港大財團蜂擁而至，試圖分得一杯羹。誰都知道，王府井是首都最繁華、歷史最悠久的商業區，有如上海的南京路、香港的銅鑼灣。試想過去在這些黃金地段，想找一間鋪面都難如登天，現在竟可望獲得以公頃計算的大幅土地租用權，當然令人喜出望外。據香港一位地產分析員稱，誰擁有王府井的一幅土地，誰就擁有了一座大金礦。而李、郭二人能如此神速辦理，是他們多年來在中國耕耘（捐贈與投資）的結果。由於他們亦曾在香港竭力鼎助中資（中信、首鋼、光大）打天下，所以現在已到了獲得回報的時候了。在當地政府的配合下，談判、簽意向書、拆遷、拔釘子戶等，李嘉誠解決起來舉重若輕，得心應手。

李嘉誠認為，在中國，土地價格與起樓造價的比例往往是一比十，而香港不少地段，卻正好倒過來。而大陸和香港合作的基礎是互補互利，港方的優勢是資金雄厚，大陸方則控有土地使用權、審批權。所以，一拍即合。透過雙方談判，可規劃建築總面積十四萬平方米的土地，由李嘉誠、郭鶴年兩人合作開發，並準備建成亞洲或世界一流的商業中心，從而奠定了李嘉誠在內地的龍頭老大地位。

厚黑有理

耐心等待，用心經營投資規劃，放長線釣大魚的投資策略，等時間到了自然就是你的。

05 「借腦生財」謀廣利

一九五二年，日本松下電器公司與荷蘭菲利浦公司就有關技術合作問題進行商務談判。菲利浦公司提出技術使用費的抽成率為銷售額的百分之七，松下幸之助先生經過艱苦的爭取，把抽成率壓低到百分之四點五，但菲利浦公司又提出新的要求作為抽成率優惠的條件：專利轉讓費定為五十五萬美元，並且必須以總付形式一次付清。

當時松下電器公司的資本總額不過五億日元，而五十五萬美元相當於兩億日元！這筆技術轉讓費對松下公司來說的確是一個相當沉重的負擔。對方的要求、條件能否接受呢？妥協和退讓值不值得做呢？松下幸之助感到極度的猶豫。

合約文本是由菲利浦公司擬就的，其中的違約和處罰條款的訂立也都有利於菲利浦公司。

松下幸之助在形勢對己不利的情況下考慮到了「假人之手，從中漁利」的策略：如果做些妥協、退讓，接受對方的條件和要求，付出這筆錢，對松下公司的發展，對日本電子工業的發展都是有利的，因為接受了條件和要求，就可以利用對方的技術專利，為自己生財，這叫「借腦生財」。

松下幸之助為了保證技術合作專案的效益穩定，又對菲利浦公司做了深入細緻的調查研究。在調查中，他發現菲利浦公司擁有一個三千名研究人員的研究所。他們設備先進，人員精良，每天都在進行著世界最新技術和最新產品的開發研究。松下幸之助暗自思忖：如果創造一個同樣規模、同等水平的研究所，要花上幾十億日元和幾年的時間，而現在，以兩億日元為代價，便可以充分利用菲利浦公司研究所的人員和設備，可以達到「假人之手，從中漁利」的效果，這事何樂而不為呢？

於是，松下幸之助先生毅然和菲利浦公司簽訂了合作合約。從此，菲利浦公司派出了技術骨幹前去赴任，他們把技術、知識和管理經驗傳授給了松下公司。在雙方的合作期間，松下公司便利、迅速地獲得了菲利浦公司最新的技術發展。雙方的合作，為松下電器公司發展成為馳名全日本乃至全世界的公司打下了堅實的基礎。

松下電器公司與菲利浦公司的這場交易中，松下幸之助先生運用了「假人之手，從中漁利」的技巧，做出了妥協和讓步，接受了菲利浦公司巨額的專利轉讓費和不公正的違約和處罰條款。但松下幸之助先生的讓步，換回的是公司發展的強大的助推力─菲利浦公司世界稱雄的技術實力，使松下公司最終發展成了世界著名的電子工業公司。

此案例也說明，如果交易者在商務會談中能夠靈活巧妙地運用「假人之手，從中漁利」的技巧，將會較順利地實現交易目標。運用這種技巧，可以透過放棄一些眼前的、微小的利益，以換取長遠的、宏大的利益。要明白，運用這個技巧的關鍵是為了從中獲取更大的利益而甘願放棄一些利益，從而獲得可以利用「別人之手」的條件，而且因為它的表面現象是放棄了一些利益，因而終於打破僵局，使會談重現生機。

一個人的智力是有限的，因而借助於參考他人的意見；一個企業的技術也是有限的，因而要借助於吸收其他企業的先進技術和成果，「借腦生財」的方式讓你更有競爭力。

06 以小搏大，以弱制強

在李嘉誠經營企業的數十年中，他利用以小搏大的方法大打收購之戰，終於實現了建立龐大的跨國集團的夢想。在這其中，收購和記黃埔、收購港燈可稱為是成功的兩個戰役。

一、收購和記黃埔

一九七九年九月二十五日夜，在華人行二十一樓長江總部會議室，長江實業（集團）有限公司董事局主席李嘉誠，舉行長實上市以來最振奮人心的記者招待會，一貫沉穩的李嘉誠以激動的語氣宣佈：

「在不影響長江實業原有業務基礎上，本公司已經有了更大的突破—長江實業以每股七點一元的價格，購買滙豐銀行手中持占百分之二十二點四的九千萬普通股的老牌英資財團和記黃埔有限公司股權。」

在場的大部分記者禁不住鼓起掌來。

這一戰，李嘉誠以小搏大，以弱制強。長江實業實際資產僅六點九三億港元，卻成功地控制了市價六十二億港元的巨型集團和記黃埔。

二、收購港燈

一九八五年一月二十一日傍晚七時，中環很多辦公室已人去樓空，街上人潮及車龍亦早已散去；不過，置地公司的主腦仍為高築的債台傷透腦筋，派員前往長江實業兼和記黃埔公司主席李嘉誠的辦公室，商議轉讓港燈股權問題，最終，和黃決定以二十九億港元現金收購置地持有百分之三十四點六港燈股權，這是中英會談結束後，香港股市首宗大規模收購事件。

當年置地以比市價高百分之三十一以上的溢價購入港燈；現在和黃以六點四港元的折讓價（收購前一天市價為七點四港元）撿了置地的「便宜」—而購入百分之三十四點六的港燈股權。以市值計，李嘉誠為和黃省下四點五億港元，顯然要高對方一等。

當然，李嘉誠的收購之戰也有敗績，比如李嘉誠收購置地，就苦戰八年，無功而返。一九八八年五月六日，怡和控股、怡和策略及置地三間公司宣佈停牌。同日，怡和宣佈以股八點九五港元，購入長江實業、新世界發展、恆基兆業及香港中信所持的置地股份，合占置地發行總股份的百分之八點二，所涉資金十八點三四億港元。這樣，怡和所持的置地股權，由原百分之二十五增至百分之三十三多，控股權已相當牢固。怡和「更勝一籌」的是協議中有個附帶條款，長江實業等華資財團在七年之內，除象徵性股份外，不得再購入怡和在任何一家上市公司的股份。

喧鬧數年之久的置地收購戰，就以這種結果降下帷幕。看好這場收購的證券界輿論界均大失所望。一些華文報刊在報導結局時，稱這是「一場不成功的收購」。有些英文報刊則稱這次戰役是「華商滑鐵盧」。但李嘉誠卻像他自己所說的那樣，不抱有買古董的心理，當進則進，當退則退，應該說，經得起成功也經得起失敗，這才是英雄本色。

一九七七年是李嘉誠和他的李氏財團經過二十餘年的穩紮穩打、步步為營的奮鬥，真正脫穎而出的一年。他大開華資吞併外資之先河：著名的「美資永高公司帳購戰」，以及力挫群雄，擊敗香港置地房地產公司，購得中區新地王的兩次戰役，成為使香港英資、外資驚詫不已而使中資興奮不已的熱門話題。

當時，位於香港中區地下的中環和金鐘站段，是香港中區最繁華的地段，也是世界上最值錢的地皮之一，每平方米的地價高達一萬港元。如果能在這塊享有「地王」之稱的地皮競爭上奪標並成功地發展物業，不僅能帶來豐厚的利潤，而且奪標公司還可由此增強信譽且名聲大振。

早在一九七六年，李嘉誠就獲悉香港地鐵公司為購得中區郵政總局舊址地皮，曾與香港政府磋商多次，希望部分用香港地鐵公司的股票部分以現金支付，但是港府堅持用現金購買。於是既精通經營之道、又精通金融之道的李嘉誠，再次利用出售樓宇和發行新股的方式，集資數億港元現金，以打有備之戰。

不僅如此，李嘉誠還獲悉香港地鐵公司與政府達成有關九龍灣車廠及郵政總局舊址的批地協議：地鐵公司必須耗資近六億港元現金購地而急於使現金儘快回流的具體情況，提出一個將兩塊地盤設計成一流的商業中心和辦公大樓相結合的綜合型商業大廈的建議，而且一反地產界只租不售的常規。為了穩操勝券，李嘉誠還相繼拋出了兩個誘餌。其一是為了滿足香港地鐵公司急需現金的要求，長江實業主動提出提供現金做建築費；其二是將商業大廈出售後的利益由地鐵公司和長江實業公司分享，並且再超平時分紅各五成的常規，由地鐵公司占百分之五十一，長江實業占百分之四十九。

一九七九年一月十四日，香港地鐵公司正式宣佈，中環郵政總局舊址公開接受招標競投。素有「地產皇帝」之稱的置地公司，一度盛傳是奪標呼聲最高的公司。消息傳到長江實業，李嘉誠聽後淡淡一笑，說：「傳說總是傳說，到底名花誰主現在尚無法定論。」在這次「地王」公開招標競投活動中，香港地下鐵路公司先後收到三十個財團以及地產公司的投標申請。

一九七七年四月五日，各家報紙以大標題報導：「長江擊敗置地，奪得舊郵政總局地段。」

「這塊平均地價每平方米一萬港元的『地王』，早為大財團覬覦，卒為長江投得。據地下鐵路公司透露，主要原因是長江實業所提交的建議內列舉的條件異常優厚，終能脫穎而出，獨得與地鐵公司經營該地的發展權。」

李嘉誠終於力挫多家競爭對手，一舉擊敗一度呼聲甚高的香港地產界鉅子—香港置地有限公司，被人們譽為「長江實業擴張發展中的重要里程碑」。

諸葛亮：「善將者，其剛不可折，其柔不可卷。故以弱制強，以柔制剛。純柔純弱，其勢必削。純剛純強，其勢必滅。不柔不剛，合道之常。」

小蝦米對抗大鯨魚的故事時有所聞，除了對自己的信心外，資訊的完整及耐心是必須的。

厚黑學

Part 4

商場競爭厚黑學

01 另闢蹊徑，敢於創新

在商場競爭的過程中，經營同一種產品的人越多就好像在跑道上與你競爭的對手越多，你將很難超越他們。作為企業家的李嘉誠十分懂得尋找經營空白、開拓新興市場的重要性，因而，他的經營決策很快落實到了行動中。

當時，塑膠花風靡世界，在香港市場也是如此。李嘉誠分析，塑膠花實際上是植物花的翻版，每一個國家和地區，所種植並喜愛的花卉不盡相同，而目前香港和國際市場生產的樣品，太義大利化了，並不適合香港和國際大眾消費者的喜好，因此，他根據時代的要求以及對消費者的調查結果，設計出全新的款式，而且要求自己的企業不必拘泥植物花卉的原有模式，要敢於創新。

當李嘉誠從國外考察回來時，隨機到達的，還有幾大箱塑膠花樣品和資料。臨行前，塑膠花已推向市場，李嘉誠跑了好些家花店，瞭解銷售情況。他發現繡球最暢銷，立即買下好些繡球花作樣品。

李嘉誠回到長江塑膠廠，他不動聲色，只是把幾個部門負責人和技術精英召集到他的辦公室，把帶來的樣品展示給大家。眾人為這樣千姿百態、栩栩如生的塑膠花拍案叫絕。

李嘉誠宣佈，長江廠將以塑膠花為主攻方向，一定要使其成為本廠的主要產品，使長江廠更上一層樓。產品的競爭，實則又是人才的競爭。李嘉誠四處尋訪，重酬聘請塑膠人才。李嘉誠把樣品交他們研究，要求他們著眼於三處：一是配方調色，二是成型組合，三是款式品種。

李嘉誠明察秋毫，他認為塑膠花工藝並不複雜，因此，長江廠的塑膠花一上市，其他塑膠廠勢必會在極短時間內跟著模仿上市。之所以會這樣，是因為本來批量生產的塑膠花，成本也並不高。價格一高，問津者必少。其他廠家再一擁而上，長江廠的市場地位就難得穩定。所以，李嘉誠提出在經營策略上倒不如在人無我有、獨家推出的極短的第一時間，以適中的價位迅速搶佔香港的所有塑膠花市場，一舉打出長江廠的旗號，掀起新的消費熱潮。

賣得快，必產得多，「以銷促產」，比「居奇為貴」更符合商界的遊戲規則，以此來確定自己在行業生產中的地位。這樣，即使效顰者風湧，長江廠也早已站穩了腳跟，長江廠的塑膠花也深深植入了消費者心中。事實果真如此，李嘉誠走物美價廉的銷售路線，大部分經銷商都非常爽快地按李嘉誠的報價簽訂供銷合約。有的為了買斷權益，主動提出預付百分之五十的訂金。

很快，塑膠花風行香港和東南亞。老一輩港人記憶猶新，幾乎在數周之間，香港大街小巷的花卉店，擺滿了長江廠出品的塑膠花。尋常百姓家、大小公司的辦公大樓，甚至汽車駕駛室，都能看到塑膠花的倩影。而李嘉誠由於掀起了香港消費新潮流，長江塑膠廠由沒沒無聞的小廠一下子蜚聲香港塑膠業界。

就這樣，李嘉誠在香港洞察先機，快人一步研製出塑膠花，填補了香港市場的空白。另外，由於李嘉誠不按物以稀為貴的一般道理賣高價，而是著眼於佔領市場份額，因而一舉成功。

厚黑有理

商場如戰場，成敗論英雄。市場競爭，殘酷無情。另闢蹊徑，敢於創新，先於別人，斷然出擊，出其不意，攻其不備，將計就計，勝利奪「標」。

02 先於別人，斷然出擊

最具有現代產品性質的電腦軟體是一種時間性極長的產品，一旦落後於人，就會面臨失敗的危險。比爾・蓋茲深深地瞭解這一點，在公司的若干重大危機關頭，他總是搶在別人前面，斷然出擊，因而獲得了成功。

一九八二年，新成立的蓮花公司推出了一套「蓮花123」軟體，它將為那些不能使用試算表的客戶提供幫助。面對這一嚴峻形勢，一九八三年九月，蓋茲祕密地安排了一次小型會議，把微軟最高決策人物和軟體專家關在西雅圖的彙獅賓館，開了整整三天的「頭腦風暴會」。蓋茲宣佈會議的宗旨只有一個，那就是儘快推出世界上最高速的試算表軟體。

當時，青年學者克郎德自動請纓，要主持這套軟體的設計。從不論資歷輩份的微軟，將機會給了克郎德。由此，克郎德脫穎而出。他們在會議上透徹地分析和比較了「蓮花123」和「多元計劃」的優劣，議定了新的試算表軟體的規格和應具備的特性。而蓋茲也沒有隱瞞設計這套試算表軟體的意圖，從最後確定的名字「超越」中，誰都能夠嗅出挑戰者的氣息。

對於微軟公司來說，他們要實現比爾‧蓋茲所號召的超越，首先意味著要超越自我。但是，事實很快就發展得出乎人們意料。

一九八四年元旦，電腦史上一個影響深遠的個人電腦誕生了：蘋果公司推出了以獨有的圖形「視窗」為用戶介面的個人電腦，約伯斯將其命名為「麥金塔」。「麥金塔」以其更好的用戶介面走向市場，向ＩＢＭ個人電腦挑戰。一九八四年元旦，正當克郎德和程式設計師們揮汗忘我工作，使「超越」試算表軟體已見雛形之時，蓋茲正式通知克郎德放棄ＩＢＭ個人電腦「超越」軟體的開發：轉向為蘋果公司「麥金塔」開發同樣的軟體。克郎德急匆匆地闖進蓋茲的辦公室，「比爾，你簡直把我搞糊塗了！我沒日沒夜地工作，為的是什麼？」

蓮花「是在ＩＢＭ個人電腦上打敗我們的！微軟只能在這裡奪回失去的一切」！

比爾・蓋茲耐心地解釋事情的緣由：「麥金塔是目前最好的用戶介面電腦，它代表電腦的未來，而且具有５１２Ｋ記憶體，能夠充分發揮我們『超越』的功能，這是ＩＢＭ個人電腦不能比擬的。我們想，先在麥金塔上取得經驗，正是為了今後……」克郎德惱火地打斷蓋茲的解釋，嚷道：「我絕不接受！」一氣之下，年輕氣盛的克郎德向蓋茲遞交了辭職書。無論蓋茲怎麼挽留，他也毫不鬆口。

不過設計師的職業道德驅使著克郎德盡心盡力地做完善後工作，他把已寫好的部分程式向麥金塔電腦移植，製作了幾卷如何操作「超越」的錄影帶。九個月後，克郎德頭也不回走出了微軟的大門。

克郎德離開微軟後，在西雅圖謀職未果，準備前往加州碰運氣。在火車上，小偷乘他睡覺的時候，將其全部財物洗劫一空。克郎德身無分文，只得沮喪地返回出發地。當可憐的克郎德出現在微軟大門時，蓋茲鬆了一口氣：「上帝，你可總算回來了！」此後，克郎德專心致志地把「超越」認真收尾完工，無意中還為它加進了一個非常實用的功能—類比顯示。

此時的蓮花公司在「蓮花123」的基礎上乘勢推出了「交響樂」軟體，拼裝了文字處理和通訊、表、庫、圖、文，五位元一體，堪稱集成軟體文字大全。最讓蓋茲擔心的是：蓮花公司也正為「麥金塔」電腦開發軟體，名為「爵士樂」。微軟決心加快「超越」的研製步伐，搶在「爵士樂」之前吹響「超越」的號角。

一九八五年五月的一天，蓋茲一行千里迢迢來到紐約中央公園附近的一家賓館，隆重舉行「超越」新聞發表會。可是頭一天的彩排又出問題。在預演時，「超越」的演示程式竟不聽使喚。這可急壞了蓋茲，他下命令要求操作人員立即刪掉部分演示程式。

正式演示還算順利。蘋果公司的約伯斯親臨講話以示支持。此後，蘋果公司的麥金塔電腦大量配置超越軟體。許多人把這次聯姻看成是「天作之合」。

蓮花公司的「爵士樂」比「超越」慢了五個星期。這五個星期就決定了它失敗的命運。到一九八七年時，市場報告表明：「超越」以百分之八十九比百分之六的懸殊比分，遠遠超過了「爵士樂」。

這次成功，使蓋茲雄姿煥發，信心百倍。

厚黑有理

在商業競爭中，時間就是效率，時間就是生命，只有搶得先機才會獲得最後的勝利。

03 將計就計，勝利奪「標」

將計就計是兵家常用戰術，它是指在無計可施的情況下，可以巧借敵方的計謀，去對付敵方。此術運用在商業競爭中同樣奏效。七〇年代中期的一場「世紀工程」奪標大戰中，韓國企業家鄭周永便是運用「將計就計」的謀略，戰勝各個競爭對手，最後勝利奪「標」。

一九七五年，石油富國沙烏地阿拉伯對外宣佈要在本國東部杜拜興建大型油港，預算總額為十億～十五億美元，並向全世界各大承建公司公開招標。

這項工程十分龐大，堪稱「本世紀最大的工程」。當這一消息透過電波傳向全世界時，立即引起世界建築商們的關注，其中躍躍欲試者有之，望而卻步者也大有人在。

一九七六年二月，中東彈丸小國巴林，戰雲密佈，大軍壓境。一場舉世矚目的「世紀工程」奪標大戰即將在這裡展開。

歐洲五大建築公司已早早踏上了這個海灣小國，企圖先聲奪人。另外，美國、法國、日本等國家的頭號建築公司也匆匆從遠道趕來，決意參與這場大角逐。

最後一個到來的，是韓國鄭周永率領的現代建設集團。

「世紀工程」的招標還沒正式開始，各路豪傑已經在暗地裡頻頻施展招數，互相鬥法了。

一天，鄭周永的好友、大韓航空公司社長趙重勳突然來找鄭周永。老友異國相逢，顯得格外親切。趙重勳盛情邀請鄭周永去喝酒敘舊，鄭周永推辭不掉，只好從命。

他們找到一間幽靜的小單間，邊喝邊聊起來。酒過三巡，趙重勳對鄭周永說：

「鄭兄，這樁工程可是塊難啃的骨頭呵！」

「就是再難啃，我也有信心將它搶到手！」鄭周永胸有成竹地說。

「唉，你何苦非要冒這個險呢！」接著，趙重勳壓低嗓門說，「只要你肯退出來，你還會得到一大筆補償金，何樂而不為呢？」

鄭周永暗吃一驚，方覺察到對方的來意，卻不動聲色地問：「有這樣的好事？」

趙重勳以為對方動心，便乾脆把話挑明：「不瞞老兄，是法國斯比塔諾爾公司委託我來勸你的。他們說，只要你宣佈退出，他們立刻付給你一千萬美金。」

鄭周永心中暗暗冷笑想說：「法國人也太小瞧我了，這點兒小錢就想打發我退出！」他沉吟了一陣，想出了一條妙計。

「趙兄的好意，小弟心領了。但這樁工程我還是爭定了。」

「唉！兩頭都是朋友，我也是為你們著想。」趙重勳不免有點兒失望。

這時，鄭周永舉杯一飲而盡，抱歉地說：「趙兄，失陪了。我還有件緊急的事要辦。」

「什麼緊急的事？我能幫你嗎？」

「唉，還是不為那一千萬保證金……」鄭周永故意把話「停」住，站起身來匆匆與對方握手告辭。

法國人得知這一「情報」後，便開始推測鄭周永的投標報價，按照投標規定，中標者需要預交工程投標價格的百分之二的保證金。由此，他們便判定鄭周永的現代建設集團的投標報價可能在二十億美元左右，最少也在十六億美元以上。

然而，這正是鄭周永的計策，他也想透過朋友的嘴給對方一個「回報」。

在此期間，鄭周永頻頻利用「假情報」向其他競爭者施放煙幕彈，以虛假的投標情報擾亂對手的陣腳。

在鄭周永的那間封閉保密的會議室，燈火通明，氣氛緊張。鄭周永正和助手們為決戰作最後的準備。

在報價問題上，鄭周永甚是煞費心機，他仗著自己旗下的現代重工業及造船廠等大企業能夠提供前線大量廉價的裝備和建材，仗著自己在巴林建立起來的「橋頭堡」，決心使出殺手鐧「傾銷價格」，以過低的標價擊敗所有的對手。起初，他經過分析和借鑑國外建設工程價目表，初步擬定了總體工程報價為十二億美元。這個數碼立即得到所有隨從高級職員的贊同。

爾後，經過再三思慮後，鄭周永對初始報價十二億美元先後進行了百分之二十五和百分之五的兩次削減，最後定為八點七億美元。

對此，他的高級助手田甲源持反對態度，認為削減到百分之二十五，即九點三一一四億美元就可以了。但是鄭周永卻一意孤行，他認為在投標報價問題上，不同於比賽它只有第一名，沒有第二名，要想取勝，報價一定要有充分的競爭力，尤其是在大型項目上，更要有十拿九穩的把握性。

一九七六年二月十六日，這是決定鄭周永與他的現代建設集團走向世界的關鍵一刻。

投標開始了，鄭周永一行來到會議廳，同其他對手一樣，懷著忐忑不安的心情焦急地等待著這最後的一刻。

現代建設集團的投標代表是田甲源，然而這位肩負重擔的田甲源先生卻在關鍵性的最後一刻按照自己的意思決定，在投標價格表上填上九點三一一四億美元。填完報價數目後，田甲源便悄悄地溜進了工程投標最高審決機構辦公室。

那裡的工作人員緊張地忙碌著，整個辦公室裡就像一張巨大的針氈，田甲源坐也不是，站也不是，當他聽到主持人說美國布朗埃德魯特公司報價九點零四四四億美元時，他剎那間臉色蒼白，踉蹌地出來走到鄭周永面前，嘴裡嘟嘟囔囔地說：

「鄭董事長的決定是對的，我……我沒有按你的意思去辦，結果比美國人多……多了三百萬美元。我……」

見到田甲源半死不活的樣子，鄭周永感到大勢已去，他真想給田甲源一記響亮的耳光，然而這裡畢竟不是韓國，而是「世紀工程」的招標會議室。

正當他拔腿想要離開會議室的一瞬間，另一個助手鄭文濤右手高舉著「V」字手勢，激動萬分地從仲裁室跑到鄭周永面前大聲地喊道：

「董事長，我們勝利了！我們成功了！」

鄭文濤的消息使現代建設集團的所有在場人員都嚇了一跳。他們不知所措，到底是田甲源錯了，還是鄭文濤錯了？真是丈二和尚摸不著頭腦。

原來，美國布朗埃德魯特公司的報價是分兩部分進行的，僅水上部分就是九點零四四四億美元。相比之下，田甲源填的九點三一一四億美元的報價是最低報價。

當沙烏地阿拉伯杜拜海灣油港招標仲裁委員會最後宣佈現代建設集團以九點三一一四億美元的報價摘取這項本世紀最大工程的招標桂冠時，在場者無不目瞪口呆，就連鄭周永也不敢相信自己的耳朵，更不用說是田甲源先生了。

對於這個報價，西方的所有強勁對手都驚愕不已，他們都覺得被鄭周永戲弄了。尤其是那些法國佬，他們老羞成怒地罵他是「騙子」、「土匪」。

然而，在這一片叫罵聲中，鄭周永卻興奮地和他的助手們互相擁抱慶賀。在這場智慧的角逐中，這位黃皮膚黑頭發的韓國人戰勝了所有的歐美對手。

有時候雖然自己很聰明，但仍有可能落入別人所設的圈套之中，這個時候不妨試試將計就計，有可能會為你帶來意外的效果。

04 出其不意，攻其不備

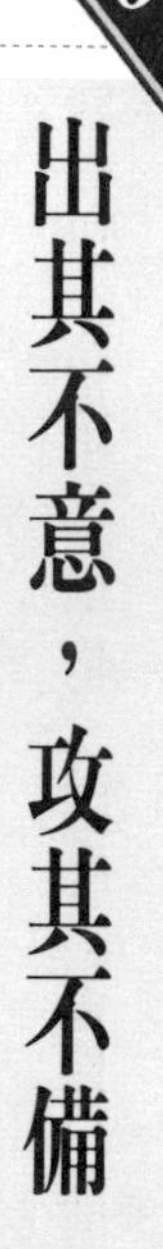

在李嘉誠為首的華資集團與英資怡和集團的談判鬥爭中，李嘉誠對出其不意這一點運用得十分恰當。當時，華資集團欲祕密收購英資置地，透過一段時間的籌備，已經勝券在握，因此決定在香港股市收市以後，以李嘉誠為首的華資財團，包括華資巨頭鄭裕彤、李兆基以及榮智健，邀請怡和高層人員西門・凱瑟克以及包偉仕進行談判。

談判尚未開始就已經顯得硝煙瀰漫，談判雙方竭力平靜的面部表情裡面，似乎都充滿了濃濃的火藥味，短兵相接的浴血之戰眼看就要一觸即發了。

首先，李嘉誠開誠佈公說明來意，指明以長江實業為首的四個財團，都希望儘快解決置地控制權最終歸屬誰的問題。然後，李嘉誠發起進攻，單刀直入地說：「西門·凱瑟克先生，我們四家財團已經決定，以每股十二元的價格，購買怡和手中持有的百分之二十五點三置地股權。」

早已領教過李嘉誠深藏不露且極具威懾力的談判術的西門·凱瑟克，這回吸取上次教訓，不與李嘉誠作馬拉松式的意志力的較量，馬上反守為攻，加重否定語氣說：「不可能，每股必須十七元。這也是你十月股災前願意支付的價格，而現在置地的資產和租金都不曾下跌，怎麼可能以每股十二元的價格成交給你呢？」對於怡和意料之中的反應，李嘉誠聽後輕輕一笑，但還是不給對方有喘息機會，緊壓話頭反駁道：「西門·凱瑟克先生，你似乎在強人所難，而且你現在還有意忽略了一個關鍵問題，那就是『市價』。你和我都不是外行商家，按照商業慣例，只要收購方提出的價格高出對方市價的二至四成便可生效，更何況我們現在提出的價格，已高出置地目前市價的四成有餘呢？」

西門·凱瑟克無言以對，但仍態度強硬地堅持要每股十七元的收購價。

談判雙方首肯的價錢相差太遠，會談開始陷入僵局。時間仍在不停地流逝，已經逐漸接近深夜，而會談的空氣仍舊空前緊張。

李嘉誠預感到雙方如果繼續這樣僵持下去將十分不利，便使出「殺手鐧」作最後的致命進攻，將四大財團於談判前擬定的一份以每股十二元全面收購置地股份的文件，出示給怡和主席西門·凱瑟克，並一字一頓地說：

「西門·凱瑟克先生，我必須很遺憾地告訴你，如果今天再談不攏，明天上午四大財團將宣佈以每股十二元的價格全面收購置地。」

西門·凱瑟克大吃一驚，李嘉誠這一招是他不曾預料到的。而且從開始到現在，在他的心目中，中國人始終是遜色的。「什麼時候中國人開始變得這麼強大，這麼有魄力的呢？」西門·凱瑟克無法回答自己心中的疑問，但是有一樣是必須肯定的，如果明天上午四家財團的硬收購真的成功的話，那麼接下來後果將不堪設想。

西門·凱瑟克強硬的態度不得不緩和下來，他馬上要求暫停，並召集他的手下，緊急磋商起來。

不久，唯恐事態擴大的西門·凱瑟克迫於華資財團的壓力，決定用議價購入四大財團手中所持有的置地股份。但是，老是處於被動地位的西門・凱瑟克這一次來了一個絕招，他提出了一個附帶條件，華資財團七年內不得沾手怡和系股份。

由此一來，雙方再一次展開了一場激烈的爭論，直到最後，華資財團才讓步同意忍受七年的「誘惑」之苦，不去侵擾怡和系股份。一場可能是有史以來最激烈的商場收購戰，總算沒有擴大並再次告一段落。而李嘉誠等人所採取的出其不意的戰略是這場鬥爭中勝利的基礎。

厚黑有理

商業競爭中，策略和技術的運用是取勝的關鍵所在，而要在企業的競爭中立於不敗，就要出其不意，攻其不備。

05

笑裡藏刀，暗藏殺機

掩藏自己的動機，以忠厚的外表接近對方，讓對方信任你，機會就自然會來到你的面前。這是厚黑典型的競爭戰術之一。

在市場活動中，把賺錢的目的藏在心裡，把和善的外表呈現給顧客，博得顧客的友誼和信任，就能使自己聲名遠播，巨大的財富滾滾而來。這也是典型的商場競爭厚黑學。

掩飾好自己的身分，給人以忠厚的外表，內心裡卻暗藏殺機，這就叫做「笑裡藏刀」。這一計素以陰險著稱於世，善使此計者常被人們視作奸詐小人。

商人唯利是圖，天經地義，不追求利潤的最大化而盡做善事的人，絕對不會是成功的商人。但另一方面，片面地追求利潤，甚至做出坑矇拐騙的勾當，來「黑」宰顧客，也同樣是不足取的。這正如厚黑大師李宗吾所說：「該厚時而黑，該黑時卻厚，那就錯了。」

在市場的小店裡面，「宰客人」的現象屢見不鮮，甚至還多次宰到熟人的頭上。過去人們常說「老鄉見老鄉，兩眼淚汪汪」，現在卻變成了「老鄉見老鄉，背後打一槍」，這樣的營銷行為是極其錯誤的，得到眼前的微小利益，卻失去了難得的聲譽和更廣大的顧客群。

雖說「笑裡藏刀」夠黑、夠狠，令人談之色變，但在市場競爭中還是大有用武之地的。為了消滅對手或吞併對手，必要的時候還應該以一副笑臉來接近對方，以便尋找到痛下殺手的機會。

澳大利亞富商魯珀特・默多克，在二十一歲時，從父親那裡繼承了一個出版集團，然後他花費畢生的心血，發展壯大這個出版集團，在世界許多國家都建立了自己的出版公司、電視網、廣播網，成為在全世界有廣泛影響的著名傳媒大亨。

六〇年代之前，他的業務主要集中在澳大利亞國內，在世界上的影響還不大。一九六八年十月，他得到英國著名的《世界新聞報》發生了意外變故的消息，這給他提供了進軍英國的大好機會。

著名的世界新聞公司完全控制著《世界新聞報》的股份，總裁威廉・卡爾持有公司百分之二十七的股份，德雷克・傑克遜持有百分之二十五的股份。由於對公司的經營策略有了嚴重分歧，德雷克・傑克遜決定把自己持有的股份轉讓給富豪羅伯特・麥斯威爾。

當威廉・卡爾得知這個消息時，表現得十分震驚，他深知麥斯威爾十分狡詐，如海盜一般不擇手段，如果讓麥斯威爾進入董事會，要不了多久，這家由他父親一手創辦的報紙就將斷送在他的手裡。他的身體狀況本來就不佳，這一來，更是又氣又急，躺在了醫院的病床上。當默多克知道這件事情後，立刻精神振奮，天賜良機就在眼前，他是絕對不會放過的。他馬上詳細瞭解了世界新聞公司的所有情況，然後悄悄飛抵倫敦，拜會威廉・卡爾。

在會面的最初，他表現得十分誠懇，時時處處替威廉・卡爾著想，很快博得了威廉的好感，他在倫敦滯留了好幾天，與威廉進一步接觸，完全摸清了威廉的底細，為他採取更恰當的行動打好了基礎。

透過這段時間的交流，他斷言威廉是無力阻擋麥斯威爾進入董事會的，於是決定向威廉攤牌，直接提出由他來擔任董事長。

令威廉意想不到的是前門打虎，後門進狼，聽到默多克的要求，他立刻斷然拒絕。默多克明白自己有點操之過急了，於是就改口說由他與威廉的侄子克利弗一起來做聯合執行董事長。這樣威廉才同意。

他們商定好了共同抵禦麥斯威爾的具體策略，決定由公司發行更多的股票，以便讓默多克在短時間內控制公司百分之四十的股票，與威廉一起持有半數以上的股權，使麥斯威爾沒有任何機會。

這個消息很快公佈於世，麥斯威爾大為惱怒，對默多克進行了嚴厲抨擊，但默多克毫不示弱，堅決給予還擊。

很快，默多克就拿到了公司百分之四十的股權。默多克看到時機成熟，就向威廉·卡爾再次提出要做公司唯一的董事長，否則他就退出。事情到了這個地步，威廉再也沒有辦法拒絕，只好很不情願地同意了。

一九六九年一月二日，公司股東大會表決通過了默多克的收購事宜，他志得意滿地把公司的經營大權牢牢抓到了手裡，至此取得了進軍英國的決定性勝利。

在經營的具體活動中，厚黑商人都非常注重自己的企業形象，以便以優質的服務，博取消費者的廣泛信任，得到更多的客戶。這同樣運用了「笑裡藏刀」，只有笑得越迷人，才越能把消費者口袋裡的錢掏出來，變為自己的利潤。

一天報紙上刊登了一則日本明治糕點公司非常鄭重的「致歉聲明」，聲稱自己的公司因在操作中出現失誤，導致最近生產的巧克力豆中碳酸鈣的含量超標，公司請求購貨者前來辦理退貨事宜。

這則聲明說得是多麼的誠懇啊，似乎把顧客的人身安全放到了至高無上的位置上。但事實上大家都清楚，碳酸鈣多一點對人體健康並無太大影響，公司此舉其實是「醉翁之意不在酒」，為的是吸引顧客們的注意。

結果又是怎樣的呢？僅有很少的一些顧客前去退貨，而與此形成鮮明對照的是，前往公司購買產品的人卻越來越多了。

放棄不合格的產品，表面看來會給自己造成一定的損失，但如果以更長遠的效益來衡量，卻恰恰能增加幾倍、幾十倍、幾百倍的收益。對這筆明細帳，精明的商家是算得非常清楚的。

美國的一家大型超級市場，有一天突然把大桶大桶的牛奶當眾倒進了下水道裡，而且還一本正經地發表聲明，說這些是過期牛奶，為顧客的身體健康考慮，商家才採取此行為。

超級市場的這一行為就好像把大把的鈔票白白扔掉一般，是很可惜的，確實給自己造成了一定的經濟損失。但當時圍觀的人特別多，公司的信譽就藉著這些人的嘴巴遠遠傳播開來。它所帶來的潛在經濟效益是遠遠超過這點損失的，這是成本多麼低的廣告啊！

商家還有更妙、更絕的一手：衛生檢疫部門非常及時地送來了化驗報告單，宣稱牛奶並沒有變質，仍可繼續食用。這一戲劇性的變化經過報刊媒體的大力渲染，傳播得婦孺皆知，成了一則極富轟動性的新聞，這家超級市場的聲譽也就不脛而走。

把目的深深地隱藏，給別人看到的只不過是你的和善外表，厚黑的經營之道在於，要想發展自己的話，就不能不在自己與對方之間建立一種友誼與信任。

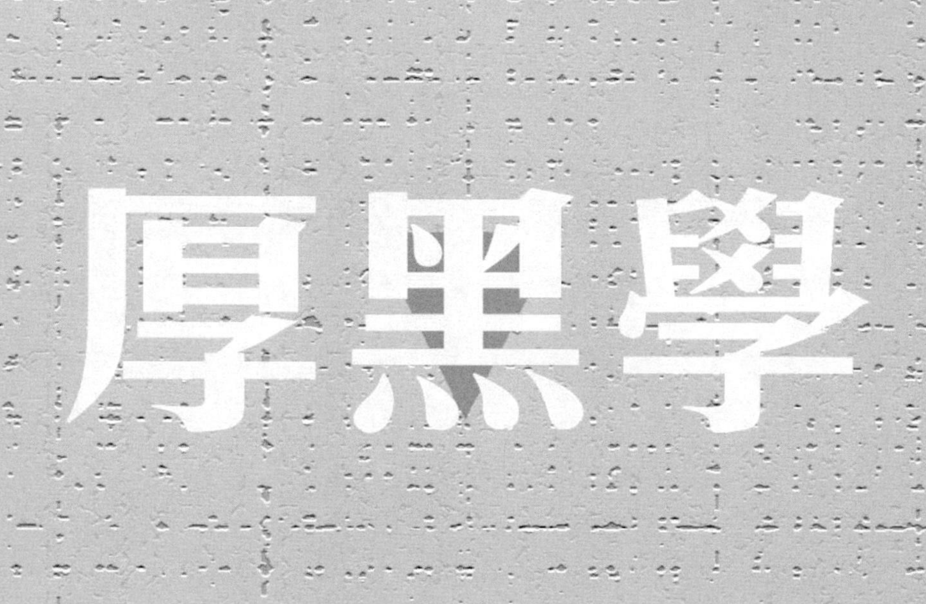
厚黑學

Part

5

厚中帶黑的待下之道

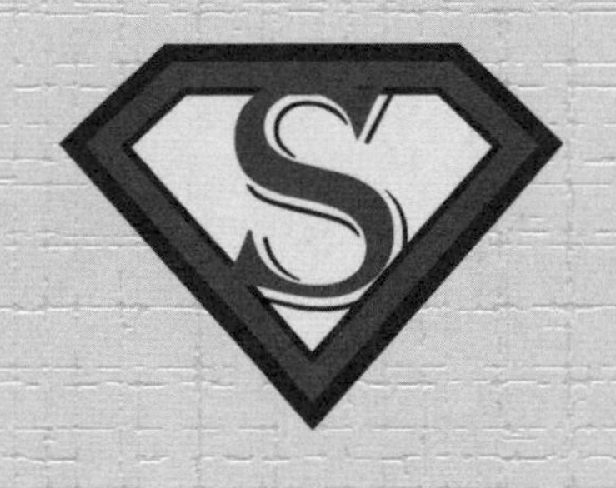

01

寬慰並重恩威並施

作為一名領導者，要實現自己的意圖，必須與下屬取得溝通，而富人情味就是溝通的一道橋梁。它可以有助於上下雙方找到共同點，並在心理上強化這種共同認識，從而消除隔閡增加瞭解，縮小距離。有許多身居高位的人物，會記得只見過一兩次面的下屬的名字，在電梯上或門口遇見時，點頭微笑之餘，叫出下屬的名字，會令下屬受寵若驚。

上司要贏得下屬的心悅誠服，一定要寬嚴並施。所謂寬，則不外乎親切的話語及優厚的待遇，尤其是話語。要記住下屬的姓名，每天早上打招呼時，如果親切地呼喚出下屬的名字再加上一個微笑，這名下屬當天的工作效率一定會大大提高，他會感到，上司是記得我的，我得好好幹！

對待下屬，還要關心他們的生活，聆聽他們的憂慮，他們的起居飲食都要考慮周全。所謂嚴，就是必須有命令與批評。一定要令行禁止，不能始終客客氣氣，為維護自己平和謙虛的印象，而不好意思直斥其非。必然拿出做上司的威嚴來，讓下屬知道你的判斷是正確的，必須不折不扣地執行。

上司的威嚴還在對下屬安排工作，交代任務上。一方面要敢於放手讓下屬去做，不要自己包打天下；另一方面在交代任務時，要明確要求，什麼時間完成，達到什麼標準。安排了以後，還必須檢驗下屬完成的情況。

許多強悍之人，儘管武藝超群，生性勇猛，但生來粗魯、莽撞，因此，要想駕馭悍將確實不是件容易的事情。但是，悍將的優點是勇敢、不惜力，衝鋒陷陣的時候，還真少不了他。所以，悍將就像烈馬，要想使用他，先要收服他。什麼人能收服悍將呢？有兩種人：一種是比悍將更強悍的人；另一種是有威嚴，能震懾住悍將的人。

清朝名臣曾國藩的手下有一員悍將，叫陳國瑞，此人原是蒙古王爺僧格林沁的手下大將。他從未讀過書，更不知道什麼德不德的，只要開口說的就是髒話，只要想幹的事，任天塌下來也要辦成。

當年他十五歲時，在家鄉湖北應城投了太平軍，後來又投降清軍，幾經輾轉被收在僧格林沁部下。據說他異常驍勇，打仗時，炮彈擊碎了他手中的酒杯，他不但不避，反而抓起椅子，端坐在營房外，高叫「向我開炮」，使手下都很敬畏他。

要說他是粗魯莽撞之人，僧格林泌比他有過之而無不及。傳說僧王是個暴虐、狂躁、喜怒無常之人，聽手下報告戰況也要到處走動，讚賞時不是割一大塊肉塞進對方嘴裡，就是端一大碗酒強迫別人喝下去。發怒時則用鞭子抽打或衝過去擰臉扯辮子，搞得很多人都難以接受。只有陳國瑞不怕這僧王。他是打心眼兒裡佩服僧格沁林。

僧王死後，曾國藩接替剿撚事宜，與陳國瑞軍打上了交道。當處理陳國瑞與劉銘任所統率的兩軍械鬥事宜時，曾國藩感到只有讓他真心地服自己，才有可能在今後真正地使用他。於是，曾國藩拿定主意，先以凜然不可侵犯的正氣打擊陳國瑞的囂張氣焰，繼而歷數他的劣跡暴行，使他知道自己的過錯和別人的評價。當陳國瑞灰心喪氣，準備打退堂鼓時，曾國藩話鋒一轉，又表揚了他的勇敢、不好色、不貪財等優點，告訴他是個大有前途的將才，切不可以莽撞自毀前程。使陳國瑞又振奮起來。緊接著，曾國藩坐到他面前，像與兒子談話那樣諄諄教導他，給他訂下了不擾民、不私鬥、不梗令三條規矩，一番話說得陳國瑞口服心服，無言可辯，只得唯唯退出。

但是，陳國瑞的莽性難改，所以一回營就照樣不理睬曾國藩所下命令。看到軟的作用不大，曾國藩馬上請到聖旨，撤去陳國瑞幫辦軍務之職，剝去黃馬褂，責令戴罪立功，以觀後效，並且告訴他再不聽令就要撤職查辦，發往軍台效力了。陳國瑞一想到那無酒無肉、無權無勢的生活，立即表示聽曾大人的話，率領部隊開往指定地點。

所以，曾國藩以軟硬兼施的辦法，剃了陳國瑞這個刺頭。

厚黑有理

寬嚴並施，才能駕馭好下屬，發揮他們的才能。對於部下，應用慈母的手緊握鍾馗的利劍。平日裡關懷備至，錯誤時嚴加懲戒，寬嚴並施，如此才能成功統馭。

02 擅用賞罰者必有厚報

一、欲得忠士，需買人心

作為管理者，身邊沒有一兩個忠士是不行的，所以，領導人都習慣採用收買人心的方法來獲得他人的忠誠。

秦穆公就很注意施恩布惠、收買民心。一次，他的一匹千里良駒跑掉了，結果被不知情的窮百姓逮住後飽餐了一頓。官吏得知後，大驚失色，把吃了馬肉的三百人都抓起來，準備處以極刑。秦穆公聽到稟報後卻說：「君子不能為了牲畜而害人，算了，不要懲罰他們了，放他們走吧。而且，我聽說過這麼回事，吃過好馬的肉卻不喝點兒酒，是暴殄天物而不加補償，對身體大有壞處。

這樣吧，再賜他們些酒，讓他們走。」過了些年，晉國大舉入侵，秦穆公率軍抵抗，這時有三百勇士主動請纓，原來正是那群被秦穆公放掉的百姓。這三百人為了報恩，奮勇殺敵，不但救了秦穆公，而且還幫助秦穆公捉住了晉惠公，結果大獲全勝而歸。

二、重賞之下，必有勇夫

在中國人眼裡，「重賞之下，必有勇夫」是用勇者的常見方法，而在「施之以恩，動之以情」之後再「委之以重任」則是用智者的做法。春秋戰國時期，燕太子為了國家利益謀殺秦王，可惜找了很久，還是沒有找到合意之人。後來有人推薦荊軻，說他是齊國大夫慶封的後人，「乃神勇之人」，而且喜怒不形於色，那才是好殺手呢！

燕太子丹聽了這個消息這之後，立刻就到酒市里去找到了荊軻，想方設法地來籠絡他，給他特別修築了一座住宅，名為「荊館」，不用說，一切設施在當時一定是最先進、最講究、最氣派的了，平日是錦衣玉食，用的是精騎美女，真是「恣其所欲，唯恐其意之不適也」。據說，有一次荊軻與太子丹一塊遊東宮，看見水池旁邊有一個大龜，荊軻一時高興就揀起一塊瓦片擲了過去，太子丹看見後，就趕快讓人捧來金丸，讓荊軻用來代替瓦片，投擲取樂。

又有一回，荊軻與太子丹一塊兒騎馬，太子丹的馬是一匹日行千里的寶駒，平日十分寵愛，可巧這一天荊軻不知想起什麼，忽然說馬肝的味道不錯，過了沒多一會兒，廚師就給荊軻送來一盤炒馬肝，荊軻一問，原來燕太子丹已經把他的寶馬殺了，特地取出馬肝，來為荊卿下酒。

這還不算，最令人慘不忍睹的是有一回太子丹請荊軻在華陽台喝酒，並讓自己所喜愛的美人出來鼓琴助興。荊軻忽然看見這位小姐的一雙嫩手，潔白如玉，就忍不住說了句「美哉手也」！這也許只是他隨口一說罷了，誰想席散之後，太子丹讓人送來一個玉盤，荊軻仔細一看，盤中之物竟是剁來的一雙女人之手。據說，這是太子要表示一下：「對於您的所好，我是沒有什麼捨不得的。」而荊軻受了這樣幾次「知遇之恩」以後，也就頗感動，長歎道：「太子遇軻厚，乃至此乎？當以死報之！」從此就死心塌地的願意替燕太子丹去做行刺秦王政的殺手了。

三、受人點滴，報之湧泉

當時孟嘗君為了其政治抱負，廣羅天下才士供養起來，叫做門客。馮諼初到時被視為門客中的最低層一類。手下人只拿粗茶淡飯招待他。馮諼倚靠著柱子用手指彈著劍唱道：「劍呀，我們回去吧，這裡吃飯沒有魚！」有人將此報告了孟嘗君，孟嘗君吩咐說：「將他的飲食水準提高到門下檔次。」又過了一段時間，馮諼又彈劍作歌道：「長劍呀，我們回去吧，出入沒有車可供乘坐！」其他門客都取笑他，把這事又告知孟嘗君，孟嘗君說：「為他配備馬車，檔次提高到門下車客。」於是馮諼得以乘車弄劍。可是不久，他又故態復萌彈著劍又唱開了：「長劍呀，我們回去吧，這裡沒有什麼可養家的！」其他們門客都厭惡他，認為馮諼貪婪不知足。孟嘗君得知他家有老母，就派人不斷供奉食物。這樣，馮諼就不再唱歌了。

馮諼試出孟嘗君是個大度之人，有容人之量，才決定留下來為他賣命。正因為深知了孟嘗君的為人，馮諼才能在後來斗膽私自做主借孟嘗君之名燒掉大量借據，為主買義，從而收買了人心，為日後孟嘗君落魄時取得一塊容身之地和得以東山再起的奠定了基礎。

四、用人以勇，以情動人

三國東吳的周泰是位武將，因勇敢善戰戰功卓著而深得孫權喜愛。建安二十三年，孫權留平虜將軍周泰為鎮守重鎮主將。孫權借到前線視察的名義，來到前線，置酒宴款待眾將。席間，孫權乘眾人酒酣耳熱之際，讓周泰脫去上衣，露出身上的累累傷痕。孫權指著周泰身上的傷痕一一詢問是哪次戰鬥中留下的，周泰逐一作答。

最後，孫權拉著周泰的手流著眼淚說：「將軍臨戰勇如猛虎，從不計安危，以至數十次負傷，我怎麼能不像親兄弟一樣對待你，把重任託付給你呢？」孫權的一番表演，使周泰感動得一塌糊塗。

五、借義結人，可得忠臣

「借義結人」是借助下層社會團結互助的對等原則。劉備透過「義」來集合，收攬人才。他透過桃園結義找到了關羽、張飛，又逐步發展了趙雲、黃忠、馬超、魏延等勇將，還有諸葛亮、龐統等謀士。幾乎一無所有的劉備能夠搜羅到這樣多的第一流人才，他使用的「義」的辦法，起了重要的作用。

曹操因刺殺董卓失敗而被迫回家向父親求助。那時曹氏家庭只有「散家資，招募義兵」這一條路可走了，還是曹嵩自己想出了辦法：「此間有孝廉衛弘，疏財仗義，其家巨富；若得相助，事可圖矣。」在見到衛弘後，曹操拿出他深思熟慮的說辭：「今漢室無主，董卓專權，欺君害民，天下切齒。操欲力扶社稷，恨力不足。公乃忠義之士，敢求相助！」衛弘聽從曹操的話，拿出錢來讓曹操做事。

六、施之以恩，用之於忠

古人指出：「求將之道，在有良心，有血性，有勇氣，有智略。」對於那些本性忠良的下屬，一定要大膽施恩，以鼓勵他的忠心。這樣的話，有良心者能夠忠一不二，為知遇者捨生忘死；有血性者，能夠有一腔忠心的報國義氣和情懷；有勇氣者，面對強敵而毫無畏懼之。而忠良的下屬，如果兼有智略者，更能運籌於帷幄之中，決勝於千里之外，這樣的忠良人才當然人見人愛，人見人用。

因此選拔人才的人，對於忠良之才只求有一方面的長處可取，不可因為有一點兒缺陷而拋棄了忠良之才。如果對於忠良之才的人過分苛求，則奸猾無能之輩反而會僥倖得以保全，並被重用。

七、施人以恩，不在大小

一粒小豆那麼大的地方，也許人人就會不以為然，但如果處理不當，從中卻能發生國家存亡這樣的大事。

歷史上許多重大的事件都是從極小的疏漏開始的。千里之堤毀於蟻穴，星星之火可以燎原，只有從細微處入手才可能做到萬無一失。所以，作為管理者，要經常注意下屬的情緒變化，識人以恩不在大小，感人之效卻可以驚動天地。《戰國策‧中山》中記載了這麼一個故事：中山君宴請都士大夫，司馬子期也是其中一個。羊羹是一道美味的菜餚，可惜準備得不足，司馬子期沒有嚐到。司馬子期因此感到羞憤難忍，他跑到楚國勸說楚昭王攻打中山。

中山國亡，中山君狼狽出逃，只有兩個人還持戈跟隨在後面。中山君問他們：「事到如今，你們為什麼還跟隨我呢？」兩人答道：「我們的父親在快要餓死的時候，是您施予了一盒飯給他，後來，父親臨終時對我們兄弟說：『中山國將來有禍事，你們一定要為之赴湯蹈火！』所以我們今日不惜以死來報答您。」中山君聽到這兒，仰天長歎一聲，極為感慨地說：「看來，給予別人，不在乎多少，卻在於其適逢危難；和別人結怨，也不在於事情大小，而在於傷害人的自尊。一道菜可使一個國家滅亡，一盒飯能使人赴湯蹈火，可見小事不可大意。」

八、金錢利誘，以圖大用

近代奸雄袁世凱手下有個師長叫王懷慶，是直隸寧晉人。他很小的時候就參軍入伍，後來投靠了袁世凱，得到了賞識和重用，王懷慶投靠袁世凱之後，他的為人之道開始為袁世凱所熟悉和瞭解。袁世凱野心勃勃，一心要做皇帝，因此他想籠絡大批的人，效忠於自己，聽從他的命令，他把王懷慶也列入了自己的籠絡對象。

民國建立之後，蒙古的各親王在前清肅親王的遊說、煽動下，紛紛宣佈獨立，反對共和，意圖苟延殘喘，保住他們的親王地位。袁世凱為了鞏固自己的統治，便委任張紹曾為綏遠將軍，王懷慶為多倫鎮守使，征伐各個獨立的蒙古親王。經過兩個多月的激戰，王懷慶率領的軍隊大獲全勝，全殲了蒙古各獨立的軍隊，凱旋回京。

袁世凱為此重重嘉獎了王懷慶，並且叫王懷慶將這次作戰的各項開銷列出清單，到國庫報銷。王懷慶回去統計了一下，一共花費了三十萬元左右。他想多報些以中飽私囊，但又不敢太過分，就開了張四十萬元的軍費報銷單。

第二天，王懷慶拿著報銷單親自送到總統府，讓袁大總統過目。袁世凱看完後，嘴角露出了一絲淡淡的微笑。王懷慶趕忙解釋說：「這是我詳細核實過的！」袁世凱將單子往桌子上一扔說：「太少了，回去重寫。」

這句話著實令王懷慶感到意外，但他馬上又明白過來，這是袁總統給我施加恩惠，心裡一陣高興，他回去之後，壯起膽子寫了一張八十萬元的報銷單據，誰料袁世凱看後仍然說太少，讓王懷慶拿回去重寫。當王懷慶第三次來到袁世凱面前時，手中軍費報銷單已經虛報到一百四十萬元之巨了，袁世凱才提筆批了「準領」兩個字。

自此以後，王懷慶為袁世凱賣起命來更加出力了。

厚黑有理

得人心者得天下，而利用獎賞、施恩等方式謀取人們的歸順才是管理之術的高手。

該黑臉時且黑臉，殺一儆百樹威嚴

面對一個犯錯的部屬，你如何在眾人面前責備他，抑或在私下斥責他呢？也許有人認為，私下裡批評比較好，但從新厚黑的角度來看，既然都是批評，在公開的情況下進行較妥當。

若有一件事可以很明顯地看出是王某的過錯，同事認為科長一定會對他發相當大的脾氣。然而科長卻只是對王某說：「要小心一點兒。」便原諒了王某的過錯，為此大家頗感失望。不難想像此時同事一定會議論紛紛：「為什麼科長不生氣？」「我做錯時被他罵得好慘！」「科長說不定欠了王某什麼！」「科長可能不明白什麼叫做『責任』！」

你一旦採取溫和的做法，那下回林某失敗時，也就無法斥責他了。漸漸地你的刀口越來越鈍，最後你會落得誰也不敢罵的下場，而無法繼續領導部屬。所以在需要斥責時，就必須大聲地斥責才行。

當場被斥責的人，宛如是眾人的代表，並不是一個很討好的角色。在任何團體中，皆有扮演被斥責角色的人存在。領導者通常會在眾人面前斥責他，讓其他人心生警惕。這是一個非常有用的方法。

這個角色絕非每個人皆能勝任，你必須選出一位個性適合的人。他的個性要開朗樂觀、不鑽牛角尖，並且不會因為一點兒瑣事而意志動搖，如此方能有很好的效果。你應避免選用容易陷於悲觀情緒，或者太過神經質的人。若錯誤地選擇了此類型的屬下，往後將帶給你更多的困擾。

雖然你只能對自己的部屬斥責，但有時你也會遇到必須斥責其他單位的職員的情況。這不僅越權而且違反公司的準則，然而相信亦有例外的情形。某家百貨公司的營業部主任，平時即對採購部科長的應對態度太過懶散頗不滿，但由於對方的身分是科長，因此無法當面予以指責。雖然這位主任曾經與自己的上司─營業部科長討論過，然而由於上司是位好好先生，因此無法得到任何解決的方案。

就在思索如何利用機會與對方直接談判時，分發部的某位職員因未遵守繳交期限而發生問題。

營業部主任便藉機大聲斥責那位犯錯的職員。他特意在採購部科長面前斥責：「不是只有今天，這種情形已經發生過許多次了。」

此時採購部科長並未表示任何意見，然而弊端在不久之後便改善了。

此項技巧簡單地說，就是採取游擊戰術，若對敵人採取正面攻擊時比較麻煩，但是若你本身有理，就不會覺得那麼可怕。遇到形式上的反攻時，你只需稍微轉一下身便可反擊。

對於無法與其正面爭吵的人，若企圖使其認同你的主張，則上述的方法不失為一則妙方。

上司借由斥責屬下的行為，亦能轉換為本身的警惕。你在斥責屬下，「不准遲到」時，自己也絕不可遲到。當你斥責宿醉的部屬時，自己也不可有宿醉的情形發生。

借由對屬下的斥責，而受益最多的人或許是自己。因此，你更不應該錯失良機。你必須謹慎地選擇斥責的機會，並且好好珍惜被斥責的部屬。

只有招募員工時才阿諛奉承，並且舉辦各項迎新活動，一旦確定他們成為正式員工後，便突然變得冷漠、嚴苛的這類陰險狡猾的公司並不在少數。新進職員由於沉迷於剛進公司時的歡愉氣氛，以致對往後的工作氣氛容易感到失望。若又遭到上司責備，情緒必定會跌至谷底，然而亦不能因此而驕縱屬下。

厚黑有理

在眾人面前斥責某位部屬，其他的部屬亦會引以為戒。其意並非真的處罰一百人，而是借由處置一人來使他人反省。

04 不可剛愎自用

在人的性格中，有兩種品質是極為相似的：一種叫強毅，是優秀的品質；另一種叫「剛愎自用」，是惡劣的品質。

強毅的「強」是戰勝自己之意。古代有強制、強怒、強為善等詞語，意思就是克服自己的專橫，克制自己容易發怒的脾氣，努力使自己胸襟開闊、樂善好施等等，這些都是戰勝自己的具體含義。

強毅的「毅」，是毅力、持久性。人的惰性是天生的，但並非不可改變，改變它需要毅力，例如，不習慣早起，但為了做大事業你就強迫自己天不亮起床；不習慣端莊整齊，你就強迫自己每天像敬神沐齋時那樣裝扮自己；不習慣勞作，你就強迫自己與下屬同甘共苦；不習慣持之以恆，你就強迫自己把每一件事做到圓滿才能結束。這些都是毅力的表現，但是，一定都長久地堅持下去才能使自己成功。

與強毅表現相似但實質不同的剛愎，看起來也是要求自己鍥而不捨地追求，但是，它更強調按照自己的意志去辦事情。這樣做的結果往往是主觀臆斷，聽不進別人的勸告，遇事僅僅憑感覺處理，容易失去冷靜的心態。所以剛愎自用是貶義詞。

其實，在做人的過程中，這兩者沒有什麼十分明顯的界限，就像曾國藩在論述這個問題時，頭腦十分清楚，言論精闢，但實際用起來就一塌糊塗了。曾國藩的手下有一名愛將叫李元度（字次青），他跟隨了曾國藩很長時間，歷盡了辛苦。當太平天國派軍進攻祁門之時，許多人主張放棄駐守，而曾國藩卻聽不進勸告，執意讓李元度堅壁自守。李元度擅自出城應戰，卻一觸即潰，打了敗仗，不久又私自離開守地。

對於李元度的過失，曾國藩非常惱怒。惱的是李元度原不會帶兵，因曾國藩的私情推薦才得以領兵，但他太不爭氣；怒的是李元度做事不與自己商量就擅自決定，留下了一個爛攤子。於是，曾國藩決定彈劾李元度，以申軍紀。

曾國藩此舉，本來無可厚非，但由於他與李元度的關係非同一般，盡人皆知所以，大家一致反對彈劾的決定，指責曾國藩忘恩負義。李鴻章率領眾幕僚前去求情，曾國藩表示：「我自有道理，你們就不用管了。」李鴻章非常衝動地說：「既如此，那我就告辭了，此地不可久留。」沒想到曾國藩生氣地說：「悉聽尊便吧。」

曾國藩最終彈劾李元度，使他丟掉了職務，使李鴻章感到曾國藩如此固執，很難共事，就憤然辭去了幕僚之職。

失去這個得力助手後，曾國藩感慨萬分，認識到自己剛愎自用的弱點，對於李鴻章給他提出的向東移兵的計策言聽計從，並寫信熱情相邀，於是李鴻章才重新回到了他的身邊。

厚黑有理

所以，我們似乎可以得出這樣的結論：在為人的品質中強毅的品質是萬萬不能缺少的，剛愎自用的品質是千萬不可沾染的。兩者在同一件事情中看似相近，但實質性的差別是能不能把別人的意見聽進去。聽了，也努力做了，就是強毅；不聽，而硬去做，就非剛愎自用莫屬了。

05 紀律嚴明，心慈手不軟

作為領導者、管理者，要加強對員工的約束，就應該有強化紀律的書面規範，保證下屬受到公平的對待，避免一時衝動給他們嚴厲的懲罰。強化紀律有以下四個階段：

第一次犯錯，口頭警告。下屬必須知道他們哪裡錯了。你要記下給他們警告的時間、地點和周圍環境。

第二次犯錯，書面通知他們，並警告說下次犯錯誤會受罰、扣工資或者換工作。這封警告信一式三份，一份給犯錯誤的員工本人，一份給上司，一份存檔。

第三次犯錯，臨時停止工作。根據你們達成的協定和錯誤的性質及程度，給予長短不同的停工懲罰，停發一切報酬。

第四次犯錯，降職、降級，或者調換工作。根據各種因素，做出上述懲罰之一。其中調換工作是最常見的。因為這樣既可減少雇傭他們造成的損失，又可以使自己減少一個問題戶。

實際上，整個公司並沒有因你的這一行為獲得任何好處。除非你確認他的表現不佳確實工作不對，換一個工作會使他做得更好，否則輕易不要這樣做。調換工作部門之後，你要將該人的資料全部移交過去。

下屬犯下了不可原諒的錯誤，理應受到應有的處罰。下屬對自己所受到的處罰，思想難免會一時轉不過彎來，這就需要你私下與他談一談，交換一下意見。

所謂交換意見，並不是讓你對受處罰的下屬嘮嘮叨叨一大堆，一個勁兒地對他們進行教育和說服，而是讓對方參與到談話中去，進行溝通。否則，你說了大半天，卻沒有說到重點上，起不到實際作用，對方還會對你產生反感。

談話時，要讓下屬逐漸步入正軌，認識到自己所受處罰的合理性，並非主管有意為難他。如果對方確有委屈或難言之隱，主管應該表示體諒，說一些勸慰的話。

在肯定被處罰對象的工作成績的同時，要坦誠善意地提出對方違反了什麼紀律，這會給部門工作造成什麼樣的不良影響，做到循循善誘，務必防止簡單粗暴的處罰。

在談話結束時，可以為受處罰對象尋找一個合適的客觀原因和理由，讓對方明白這次受處罰是一次失誤，希望他下次能夠避免這種失誤，這樣容易讓對方下得了台階。你還要告訴對方，他的工作態度一直都是很好的，希望他以後在工作中，為了部門的發展而繼續努力。

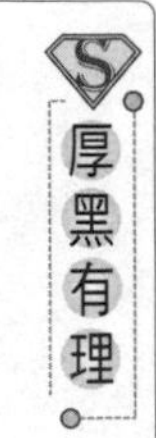

要讓員工明白，處罰決定的做出，絕不是專門對人的，而是對事而言的，使他不要過於激動，以免引起誤會。許多員工會認為，他們受到了處罰，他們的人格同時也就受到了侮辱。所以你需要透過溝通讓他們明白，所有的處罰都是為了部門的利益和發展，不是故意去損害某人的感情。

06 新官上任立威有術

俗話說，殺雞給猴看。這是一句經驗之談，當主管的威風是殺出來的。所以，大凡初做主管的人都有「新官上任三把火」，這「三把火」無非是殺雞儆猴，樹立做主管的威風。當然，做主管除威風八面之外，還要有具體的立威措施，把威嚴貫於管理之中才能威得久，威得大。

一、管理要寓嚴於寬

作為領導者，最難把握的是對屬下宜寬還是宜嚴，不少人擔心寬則無紀，使人養成鬆弛浮躁的惰習，嚴則失人心，使人畏懼而疏遠。那麼究竟嚴一些還是寬一些好呢?正確的方法是寓嚴於寬。

是的，領導者應該以寬厚待人，這是指領導者對所有的屬下都應該做到一視同仁，不能分薄厚，亦不能分遠近，要用對待親兄弟、親子女那樣的仁愛之心來關注屬下的成長，使屬下感受到你這個大家庭的溫暖與和睦，也感覺到在這裡做事情前途無量。

但是，這些都不能代替「嚴」字，寬厚之外，領導者要有威嚴，以威嚴建信譽。對於屬下則要求要舉止莊嚴，辦事嚴謹，有法必依，有法必行。這樣做的目的在於要精心地培養他們，使他們永遠不會滿足於已經掌握的知識與本領，不會因鬆弛懈怠而導致工作失誤，更不會因虛度時光而後悔自責。這種嚴格的約束、督責實際上都出自於愛護，一旦被屬下所領會，他們就會認為這種嚴是合情合理的，這種領導者是自己的良師益友。

需要說明的是這種嚴要從平常做起，使之深入人心才會有效。如果平時不嚴，臨時嚴厲則根本難以生效。例如曾國藩在靖港戰役中見到湘軍不敢逆敵，掉頭逃跑的情景，心裡十分著急，於是嚴令手下在大路當中豎起令旗，大聲咆哮：「過旗者斬！」令出之後，湘勇畏懼果然不敢通過令旗，但他們想方設法地繞過令旗，還是逃得無影無蹤了，可見臨時發威的嚴法並不起作用。但是，當他立志整頓湘軍軍紀時，他先寫了《愛民歌》，讓湘軍當作識字教本，邊學習，邊執行，而且身體力行，達到「說法點頑石之頭，若口泣杜鵑之血」的程度，使愛民的思想深入人心，再對不守紀，擾民違紀者進行嚴肅處理，這樣，湘軍的紀律大大地好轉起來。

二、對惡行者必須誅殺

自古以來，政令的推行要靠法律的權威，而法律的權威則需要強硬的手段來推廣，所以，為政沒有威嚴那麼百姓就無所畏懼，無所畏懼則法制越亂，要達到天下大治就十分困難。而對作惡者嚴懲正是為官者樹立權威的重要方法。古代著名將領無一不是靠殺人而立軍威的，遠的比如戰國時的孫武和漢朝時的韓信，往下則有三國的諸葛亮，所以，對作惡者嚴懲就會起到殺一儆百的效果，無怪乎統治用之不厭。

提倡仁義道德的儒家祖師孔子在魯國執政時，曾毫不留情地誅殺了少正卯。這就使他的弟子子貢感到疑惑，「不是說要以仁義為本嗎？為什麼非要殺掉少正卯呢？」

孔子對子貢的詰問略作思考後答道：「人有五種惡行，一是通達古今之變即鋌而走險；二是不走正道而走邪路；三是把荒謬的道理說得頭頭是道以惑人心；四是知曉許多醜惡之事；五是依附邪惡並受到重用。這五種惡行哪怕沾染上一種，君子就可以誅殺他。而少正卯是五種惡行兼而有之，他是小人中的雄傑，所以我不能不殺他。」

孔子的道理十分明確，為了樹立統治者的權威，對於有惡行的小人必須嚴加懲處，殺一儆百，改變社會風氣。

在歷代統治階級及領導人的管理方法中，殺一儆百是最常使用的方法，它的作用遠遠勝於其他的統治方法，因而受到許多人的推崇。下面的兩個事例是人們所熟悉的，它所說明的道理相信大家讀後自有體會。

其一，殺仆警主。唐太宗晚年，高陽公主與僧人辯機通姦。高陽公主贈辯機金寶神枕，辯機不知珍藏，被賊盜走。後來破案時，搜出金寶神枕，審問竊賊，竊賊稱是從辯機處所盜。又審問辯機，辯機稱是高陽公主所贈。御史糾劾此事，太宗自覺慚愧，也不欲問明案情，即處死辯機，並密召公主身旁奴婢，責備他們導主為非，殺斃十餘人。太宗所為，實是為了警告高陽公主。

其二，殺雞儆猴。孫子見吳王，以宮中美女演練兵陣，選一百八十人，分為兩隊，令吳王寵愛的兩個妃子為隊長。然後說明演練的方法和紀律，並設立了刑具，擊鼓令其向左，美女大笑；孫子又重複紀律，然後又令擊鼓向左，美女還是哈哈大笑。於是要斬兩個妃子，吳王阻止，孫子說：「臣已受命為將，將在軍，君命有所不受。」就斬了二人。又選用另二人為隊長，於是重新擊鼓，美女們左右前後跪下站起都合乎要求。

三、主管立威有多種辦法

仔細觀察不難發現，有威嚴的主管往往不是那種動輒打罵的粗魯之人，而是那種看起來溫和卻透露著威嚴的領導者。因此，身為上司，為了能使屬下俯首聽命發揮所長，並且帶動整個團隊向上，其先決條件是必須成為受人尊重而有威嚴的主管。

主管該如何樹立自己的威嚴呢？以下是在工作中需要注意的幾點：

1.對於工作要耳熟能詳。「希望接受這位上司的指導，想要跟隨他，聽從他的話絕對不會錯……」，若屬下對你有如此印象，你必然深受尊重。至於邀屬下喝酒、送屬下禮物的行為，是不必要的。

2.保持和悅的表情。一位經常面帶微笑的上司，誰都會想和他交談。即使你並未要求什麼，你的屬下也會主動地提供情報。

你的肢體語言，如姿勢、態度所帶來的影響亦不容忽視。若你經常面帶笑容，自然而然地，你本身也會感到非常愉悅，身心舒暢。

你能永保正確的舉止，在無形中它早已引領你步向成功的大道了。有許多的運動選手，都表示類似的看法：「我會在重要的比賽之前，想像自己得到優勝的情景。如此，力量立刻泉湧上來。」

一個永保愉悅的神情與適當姿態的人，較容易受到眾人的尊重與信賴。

3.仔細傾聽部屬的意見。尤其是具有建設性的意見，更應予以重視，熱心地傾聽。若那是一個好主意並且可以付諸實施，則不論屬下的建議多麼微不足道，亦要具體地採用。

部屬將因為自己的意見被採納，而獲得相當大的喜悅。即使這位屬下曾經因為其他事件而受到你的責備，他也會毫不在意地對你倍加關切和尊崇。由於上司對部屬的工作提案相當重視，不論成敗皆表示高度的關切，因此屬下會感謝這位上司，並覺得一切的勞苦皆獲得了回報。

4.不強求完美。上司交代屬下任務時說：「採取你認為最適當的方法。」即使屬下工作的結果並不很完善，上司也應用心地為其改正過失。

你必須具備對部屬的包容力，不能忽略給予失敗的屬下適當的肯定。雖然部屬的任務失敗了，但切勿忽略了部屬在進行工作時所付出的努力，並且需要給予適當的評價。

人皆有悲天憫人之心，對於能力不好的部屬有必要予以支援。另外，你也不應故步自封裹足不前，這樣也可能將因為水準低而遭受淘汰的命運。因此，切不可只佇立於原位上。

四、從小事上立大權威

所謂主管立威，不一定要大張旗鼓，有時候從小事上也可以做出大權威來。

雍正元年七月，雍正偶然間發現一本文書中丟落了一個字，於是把大臣們都找來說：「你們不要以為小事就可以疏忽。抄寫漏字雖然是中書（文書官員）的事情，但如果你們肯用心細問的話，也不會出現這樣的錯誤。而如果大學士把責任推給學士，學士推給侍讀，侍讀再推給中書，那麼朕也可以把過錯都推給大學士。類似這樣的小錯不斷，就會讓天下的人都懷疑朕和大學士平時連奏摺都不看，這還了得？」

同年九月初五，雍正參加一次祭祀活動，無意中發現端門前新設立的更衣帳房內油氣蒸熏，氣味難聞。於是龍顏大怒，斥令主管工部的廉親王允祥以及工部侍郎、郎中等人在太廟前跪了整整一夜。

雍正二年四月一天，雍正升殿，見到刑部官員李建勳、羅檀在群臣還沒有落座的時候，也不行禮就坐下了，頓時下令將李、羅兩人拿交刑部問罪。並告誡百官說：「朕見這幾年上朝的禮節執行得很鬆弛，我父親康熙並不是不知道，但都很包容，因此監察官員也就睜一隻眼閉一隻眼，把這些當作常事，不認真去管。我即位以來，看到這些現象很多，這是個不好的苗頭，必須狠抓。今後如果再有類似的失禮事情發生，我就要殺了這兩個人了，到時候可別說是我要殺人，而是你們殺了他倆。」

從權謀的角度看，雍正這一著叫做「借題發揮」。就是抓住下屬的一個小錯、一件小事大做文章，以達到震懾下屬的目的，這樣做可以使下屬心懷畏懼，不敢輕舉妄動，從而樹立起主管的權威。

從領導學的角度看，從嚴治下有時也要從小事抓起，當然不是抓人的小辮子，而是要從抓一些不起眼的小事上喚起幹部的紀律意識、責任意識，增強組織的凝聚力。不論我們是哪一級的主管，都可以用來一試。

五、要善於使用威懾戰術

我們知道，作為軍事統帥，在工作中要有猛虎下山之威和蛟龍出海之勢，這時當他發佈命令時才能夠威震三軍。

戰國時，晉文公通知臣民在圃陸圍獵，要求大家在中午前到達，遲到的人，要受軍法處置。當天，晉文公所寵愛的顛頡遲到了，執法官員要求晉文公定他的罪，晉文公哭泣而猶豫不定，執法官員說：「那我就按軍法辦事了。」於是將顛頡處以腰斬的軍中刑罰，這時，民眾都害怕了，說：「顛頡那樣受君主寵愛，地位那樣尊貴，都被君主依法殺掉了，何況我們這些平民呢？」晉文公看到民眾可以組成軍隊參戰了，於是率領他們攻打原這個地方。一次就佔領了，又去討伐衛國，打敗衛國，成就了霸主大業。

威懾的戰術同樣也適合於商戰、社交等場合，它對於提高自己的威信，以及加深對方對自己的印象都有很好的效果。

有一天，日本的滕田田前去拜訪美國商務部長。會見之後，商務部長站起身來說：「我讓你看一樣有趣的東西。」滕田田想：「大概是讓我看什麼裝飾品之類吧！」但實際上並非如此。

部長從辦公桌邊上拿起一段繩索，朝著約在十米開外的一張椅子輕輕地投擲過去，繩索一端的活扣立刻套住了那張椅子。

部長對驚訝得目瞪口呆的滕田田說，自己是牧童出身，因此每天都要練習用繩扣套牛。「在日本政府高級官員裡是不會有如此獨特的人物的。」滕田田心想，心裡不由得對部長產生一種由衷的敬意。由此可見，在適當的場合，裝作若無其事的樣子，給對方露一手，是一種有效的威懾方式。

清末時期，曾國藩透過苦心經管，用儒家的忠義、峻法的威嚴及鄉情的人情將湘軍牢牢地控制在自己手裡，後來由於曾國藩被削除兵權，瓦解了湘軍的鬥志，渙散了湘軍的士氣，削弱了湘軍的戰鬥力，使江西湘軍陷入群龍無首的局面，清軍的力量迅速消衰下去，從而使當時太平天國與清軍力量發生了變化，如果這時太平天國的內部不發生楊韋事變等一系列大的變故，就很可能用兵長江上游，重開湖北根據地。但是，咸豐七年翼王石達開已決心出走，太平天國的軍事力量也在下降，這就給清廷製造了喘息機會。

曾國藩被消除兵權後，儘管受到外界的譏評、嘲笑與責罵，卻獲得了全體湘軍官兵對他的同情與愛戴，使他在湘軍中的威望空前提高。此時，曾國藩人雖在湘鄉，然而所部將領與他書劄仍往返不絕。可以說，除曾國藩外，別人指揮湘軍是難以得心應手的。

如一八五七年春，督辦江西軍務的福興到瑞州軍營視師，湘軍諸將待以客帥之禮。因此，福興回到南昌後，上奏請徵兵，並說「勇丁不可用」。可見「曾家軍」—湘軍，非一般督撫、將軍所能駕馭指揮的，這些都為後來曾國藩的復出及成功奠定了基礎，也使得清政府再不敢小視曾國藩，而視其為重臣。

六、不苟言笑者最威風

俗話說：「有權則威，」做主管的人應怎樣才能有威呢？一般來說，嚴肅產生威風。人一當官，不苟言笑，滿臉的肅殺之氣，動不動吹鬍子瞪眼睛，罵人訓斥人，人們就害怕他。這種主管，一上任燒三把火就容易有威。如果這種辦法還鎮不下來，那就要付諸行動了。這就是「殺雞給猴看」，殺一儆百，威風就上來了。

三國時東吳的黃蓋曾經做過石城縣縣官。石城縣的下屬官吏們特別難指揮。黃蓋就安排兩個人當主管，分別管理各部門事務，並告訴他們說：「我是個只靠打仗立功才當官的，不是以文官身分擅長管理出名。現在外來侵犯的敵人還沒打敗，我負有領兵打仗的繁重軍務，縣裡一切公文案卷委託給你兩人。你們應當管理好各部門，糾正和處分犯錯誤的人。你們各負其責，遇事就按我交代的辦，如果你們刁奸欺騙，我絕不用鞭子抽打你們，而要從嚴處置。希望你們都盡心盡力，做好工作，不要在眾人之先受處分。」

話說得這麼嚴厲，兩人聽了，起初都感到害怕，起早睡晚勤勤懇懇地辦公事。時間長了，兩主管認為黃蓋根本不看公文案卷，就慢慢營私舞弊起來，對下面也放任自流。

這時黃蓋也察覺到了，他抓住了幾件兩位主管都不奉公守法之事，把全縣所屬的官吏們請來，先給大家辦酒席吃喝，正當大家吃到興頭上，黃蓋把兩位主管叫來，提出一件一件違法徇私的事來問他們。兩人張嘴結舌，說不出話來，磕頭請罪。

黃蓋說：「前些時，我已經嚴肅地告訴你們，絕不會用鞭子抽打你們了，這不是說假話騙你們。」

於是就把兩人的頭砍了。這事震驚了全縣，下屬官吏們嚇得渾身打戰。

黃蓋這一殺，威嚴就上來了。

殺人以樹威的方法，在古代曾被人們反覆使用。像諸葛亮殺馬謖，曹操殺楊修，都是為了殺人以樹立自己的威風。用這種方法對付那些聽不進勸告的下屬，可以從根本上打掉他們的威風，從而提高工作效率。

七、將帥的威儀很重要

清末時，曾國藩統兵打仗，他認為將帥的威儀十分重要，因為軍中的威信就是靠它而建立的。曾國藩立威信之法包括兩個方面：一是威儀，曾國藩十分注重自己統帥的形象，平時衣冠整齊，舉止嚴肅，威嚴而不剛暴，莊重而又不死板，有凜然不可侵犯之正氣，又有嚴謹細緻的工作作風，如此下屬無不從內心仰服；二是軍令，威儀多用來對待自覺的士兵，而軍令則用以約束散漫的兵勇。兩者相得益彰，是治軍的重要內容。

古時候，以威治軍是訓練軍士勇敢作戰的一個重要手段。

為了樹立軍威，曾國藩效仿穰苴，在湘軍建軍之初，為培植嚴肅的軍紀，曾國藩忍痛殺了違背軍令的將領金松齡，在自己人的頭上，毅然動了第一刀。此事在湘軍中引起極其強烈的震動，也為早期湘軍軍紀的維護起了重要作用。

後來，曾國藩攻克南京後奉旨來裁軍時，各軍頭領均強烈反對，曾國藩將各種阻擋裁軍的因素一一作了分析，認為各軍提出的無銀子補足欠餉固然是一個很重要的因素，但不是決定的因素。決定因素在於各級將官情緒上的牴觸，是他們本身不願意撤。撤了，他們既失去了權柄，也失去了繼續發財的機會。曾國藩仔細分析後認為，對於這批頭腦簡單的武夫，道理講得再多都是空的，起作用的只能是嚴肅軍令。

他認為不殺個高級將領，裁軍便會推行不下去，他要臨機取決，最後他決定殺駐守在廬州府、至今尚未來稟報的正字營統領韋俊以起到敲山震虎的作用。曾國藩的這一絕招果然有用。從那天開始，吉字營、老湘營、果字營、霆字營以及長江水師、淮揚水師、寧國水師、太湖水師的將官們，都不敢公開反對裁軍了，各軍營開始制定分批裁撤的具體部署。最終順利實施了整個裁軍計劃。立威之術確實立竿見影。

厚黑有理

寬與嚴實際上並非只是一個事物中的兩個對立面，它們是辯證統一的關係。沒有寬，嚴則無效；沒有嚴，寬必失當。只有將嚴寓於寬之中，將寬包圍在嚴之外，即嚴在情理之中，才能取得良效。

07

以情感人，爲部下而自豪

相信每一位主管都有過這樣的經歷：你的下屬工作上取得了一點成績，跑來向你報喜。其實，在你的內心也為他感到高興，但是，為勉勵他繼續努力，不要驕傲，你卻淡淡地說：「成績只能代表過去，你還要繼續努力呀！」結果，他乘興而來，卻敗興而歸，一連好幾天都神情沮喪。

其實，對一個人來說，沒有什麼比主管的讚賞更讓他激動了。當你的下屬取得成績時，要及時稱讚他，讓他覺得你為他的成績而高興，這樣他的工作熱情會更加高漲。英雄虎膽的巴頓將軍，被譽為美軍的驕傲，但他的成長道路卻充滿了艱辛與坎坷。

巴頓在幼年時，就患了「閱讀失常症」，因此學習非常吃力，不得不付出比別的孩子幾倍的努力。即便如此，他的成績非常糟糕。他不僅要克服在閱讀和拼寫上的生理缺陷，而且還要忍受同學們的羞辱和嘲笑。有些同學在課堂上模仿他發音準的朗讀，有些同學則在黑板上模仿他不規則的拼寫，這讓巴頓感到非常憤怒。

但老師卻非常喜歡這個有韌性的孩子。每當巴頓能夠清晰地讀出一個單詞或正確地寫出一句話，老師都要在課堂上表揚他、鼓勵他。老師的支持使巴頓更加勤奮地學習。

終於，學習刻苦的巴頓考入了他夢想中的西點軍校。但由於他有「閱讀失常症」，雖然付出了很大的努力，成績卻並不理想。最終，他用了五年時間學完了四年的課程，並以優異的成績從西點軍校畢了業。

一九一五年，美國與墨西哥發生了戰爭。在這場戰爭中，美軍的指揮官是潘興將軍。正是由於他，才使巴頓在這場戰爭中得到了崛起的機會。

那時的巴頓只是一名上尉，由於他脾氣火暴，所以得罪了不少人。但是，潘興將軍總是不斷鼓勵他，即使是一些小小的成績，潘興也會興高采烈地說：「巴頓，好樣的，小夥子。」這讓巴頓備受感動，他決定要利用這次難得的機會來回報潘興將軍。

一次，巴頓奉命向部隊駐地附近的農民收購玉米送往司令部。他只帶了十五名士兵，分乘三輛卡車前去執行任務。不料，途中他們卻遭遇了五十多名匪徒的圍攻。巴頓臨危不懼，沈著指揮，將匪首擊斃後，指揮美軍士兵撤退。

本來這只是一次小小的遭遇戰，並無特別之處。但是，事後查明，巴頓擊斃的匪首竟是赫赫有名的大土匪卡德納斯。於是，潘興將軍決定要重獎巴頓。因為，他覺得巴頓是一員虎將，他要將巴頓內心那無比強烈的求勝慾望徹底激發出來。

首先，潘興將軍通令全軍嘉獎巴頓，然後，又召集新聞記者，將巴頓的英勇事蹟講述給他們。這樣，巴頓的事蹟上了美國的各大報紙，成了美利堅民族的英雄，「巴頓神話」第一次在全國傳開了。

從小就受盡冷落、歧視的巴頓，第一次享受到英雄般的禮遇，他內心狂熱的求勝信念終於爆發了。在以後的戰鬥中，以及二戰時期他都以勇往直前著稱，最終成為美軍中優秀的將領之一。

巴頓的後半生，脾氣暴躁，人所共知，無論是下屬還是他的上司，都懼他三分。但是，對於潘興，巴頓是畢恭畢敬，從來沒有冒犯過他。

潘興將軍無疑是成功的。他不但成功地塑造出了一個新的巴頓，而且讓他在自己面前永遠覺得他是下屬。

厚黑有理

這便是領導的藝術。當一個人取得成績時，他渴望得到別人，尤其是上司的承認。如果這時，你適當地說一句鼓勵的話，他會感到無比快樂。因為，自己的勞動終於得到了回報，再辛苦也值得。所以，當有下屬告訴你他工作中所取得的成績時，即便那是些微不足道的成就，你也要愉快地對他說：「做的好，我為你感到高興！」

Part

6

在上者要知爲人之道

01 做清醒之人，自省己過

人非聖賢，孰能無過？有過改之，過而無恐。過錯是一種失去，還是一種獲得。勇於改正自己缺點的人，就是清醒明智的人；知錯不改的人，往往一事無成。只有不斷完善自己，才能在險惡複雜的環境中求得生存與發展的機會，這是千古不變的生存法則。

現實中的很多人總是自我感覺良好，只看到別人的缺點，發現不了自己的缺點。別人指出的時候仍舊不知道悔改，甚至巧舌如簧，這種人永遠不會有進步。正視缺點和不足，設法克服並改正，這樣才會有所突破，曾國藩就是這樣做的。他提出了「悔缺」之道，並堅決徹底地改正和執行。

一、正視自己的不足

曾國藩的性格一生發生過多次轉變，早期個人修養也並不深厚，一遇不順心的事情就勃然大怒，脾氣性格很不穩定。與人交往時善於言談，愛出風頭。但他自己意識到問題的嚴重性後，他認為，知過即改，從善如流，對一個人的修身養性至關重要。因此便下定決心改變這種性格，但是卻屢有反覆。俗語說，「江山易改本性難移」，性格的養成不是朝令夕改的事情。

有一天，好友竇蘭泉來拜訪曾國藩，兩位學人商討理學，然而曾國藩並未真正理解竇蘭泉所說的意思，即開始妄自發表見解，且詞氣虛矯。事後曾國藩指責自己：不僅自欺，而且欺人，沒有比這更厲害的了。由於不誠實，所以說話時語氣強辯，談文說理，以表示自己學理精湛，其實這是一種虛榮心的表現。

曾國藩意識到了自己的毛病，表示一定悔改，可是又身不由己，控制不了自己的情緒。幾日後，朱廉甫前輩與邵蕙西來訪，這二人都是孔子所說的正直、見聞廣博的人，但是曾國藩故伎重演，說了許多大言不慚的話，過後又十分後悔。

由此可知，認識只是一個開始，實際行動才是關鍵所在。他給自己約定法章：大凡往日遊戲隨和的人，態度不能馬上變得孤僻嚴厲，只能減少往來，相見必敬，才能漸改爭逐的惡習；平日誇誇其談的人，不能很快變得聾啞，只能逐漸低卑，只有少言多聽、慎思，才能力除狂妄的惡習。

二、改變自己從內在開始

與人交往要懷一顆真誠、謙遜之心。不需要客觀的抑制，真正的改變應該是從內在開始的。吳竹如開導曾國藩說，交情雖然受天性投緣的影響，但是好多種情況下，交情也是由人力所決定的，所以，人能勝天，不要把一切歸之於數，如知人之哲，友朋之投契，君臣之遇合，本有定分，然亦可以積誠而致之。曾國藩深受啟發，他認識到自己性格中的缺陷，開始有意識地調整和完善自我。

一八四三年正月，曾國藩的二位同年來看他。飯後，下人有不如意事，曾國藩大發脾氣，憤不可遏，完全忘記了自己的決心，雖然友人多次勸阻，他仍然放口謾罵，肆無忌憚。事後，曾國藩又很後悔，又檢討自己。從此以後，他日漸成熟，逐漸地改掉了自以為是的毛病，與人交往時，他懂得給人留面子，削弱自身的鋒芒。

對於自己的言行，他認為一切事情都需要每天檢查，一天不查以後有問題再補救就難了。他逐日檢點，事事檢點，嚴格要求自己，把檢點自己視為事關進德修業的大事。

《周易》說，君子「見善則遷，有過則改」。曾國藩的一生是在日日嚴於自律中度過的，他對自我反省和批判嚴厲而苛刻。

三、常常反省，勇於改過

每個人都有自己的弱點和侷限，每個人都會犯錯誤，不同的是所犯過錯的大與小，多與少。犯錯之後如何用正常而積極的心態去面對才是最重要的。所以說，有過必糾，有錯必改才是正確的選擇。曾國藩認為，注重頤養德性的人，會經常不斷地洗滌自己所犯的過錯，並且常常反省、告誡自己勇於改過，這樣才會使自己不斷走向完善。

在經歷了多次磨難後，曾國藩的性格漸漸走向完善，為人處世方面也變得圓通。他認為，人的欲念太重，過分追求某些東西，就犯了通病：太想表現自己就容易言辭不當，惹人厭煩；過於認可自己就容易驕傲自滿，自以為是。此二者都應該常加克制，他認為自己仍然沒有將這二者清掃乾淨。

他認為戒除「多言」需要日日檢點，戒除自滿需要把自己放置於世界之中，把自己擺在一個渺小的位置上，使自己的心態保持平衡。他說：「靜中細思古今億萬年，無有窮期，人生其間，數十寒暑，歎須臾耳。大地數萬里，不可窮極，人於其中，寢處遊息，晝僅一室耳，夜僅一榻耳。古人書籍，近人著述，浩如煙海，人生目光之所能及者，不過九牛之一毛耳，事變萬端，美名百途，人生才力之所能辦者，不過太倉之一粟耳。」他認為蒼穹之中，自己只為沙粒，為塵埃，不足提起。所以一個人成就再大也沒什麼好驕傲自滿的。

為了改掉自己的缺點，曾國藩的決心之大、意志之堅，是一般人難以做到的。他的這種堅定的意志與決心，不僅對他一生的性情修養起到了很大的作用，也是他能建功立業的重要原因。他告誡自己一定要謹記三個字：不自欺。他認為人之所以修己不利，做事無恆，就是因為不敢正視自己的錯誤與不足，人如果能做到不自欺，就可以發現和改正缺點毛病，不斷完善自我。他不僅每日自我反省，還主動從親友處吸取建議，希望從別人那裡獲得資訊，誓做一個內外兼修的人。

曾國藩這種嚴於律己的思想和行為值得我們去學習，不欺人也不自欺，是修身的必備條件，也是為人處世應該注意的環節。

聖賢之所以是聖賢，就是因為他們能夠坦然地面對自己的過錯，從不虛偽地遮掩和找藉口，並且可以積極地去改正。心裡踏實，糾結也少了，做事也順利許多。要知道，有多少掩飾就有多少醜態。

02 內外兼修，誓做完人

世上沒有完美的存在但卻有不斷追求完美的人。對這些努力想功成名就的人，我們稱之為「完人」。

一、崇尚剛直

曾國藩對人的評價表現了他獨特的處世風格。他崇尚剛直，認為做就要做充滿剛直之氣的大丈夫。

曾國藩常常寫信給他的弟弟、子女們，說曾家後代秉承了母親江氏的剛猛氣質。其母江氏剛嫁到曾家時，曾家經濟尚不寬裕，操持家務更加克勤克儉，家境也漸漸興旺起來了。特別是江氏賢慧，侍奉公婆十分殷勤，可以說是不怕髒累，任勞任怨。自嫁入曾門後，共生有五男四女，家人的所有衣物都是她親手縫製的。

曾國藩的父親常以「人眾家貧為慮」，而江氏總是用「好作自強之言」相勸。她常對丈夫說：我們家孩子雖然多，但是，讀書、務農、經商、為官樣樣可做，我在家裡操持家務，孩子們在外面闖蕩，還用擔心什麼貧苦呢？從她的言語可以看出，母親江氏對曾國藩品性的影響是巨大的。

二、樹立最高理想

曾國藩的最高理想是「立言、立功、立德」，三者他都做到了。

立言，他的著述、家書、日記，廣為流傳，至今仍被天下傳閱，尤以《家書》影響最廣，成為不少名人雅士的枕頭讀物；立功，他挽救了清王朝，在列強橫行、各勢紛亂的局面下恪盡職責；立德，他內外兼修，誓做完人，並事事以身作則，重視身教。

正因為如此，後世給他的頭銜不勝枚舉：「中興名臣」、「處世楷模」、「湘軍創始人和領袖」、「太平天國的剋星」、「洋務運動的領袖」、「近代史之父」等。除此之外，曾國藩對志向的追求也很執著。他認為人不能朝三暮四，不能如牆頭蘆葦，隨風搖擺，而要矢志不移，有原則有操守，否則，光陰匆匆，肯定會無所作為。

他認為自己自從軍以來，就懷著臨危授命的志向，丙戌年有病時，總怕一下子病死家中，違背了自己的初志，失信於世人。後來復出，意志更加堅定；倘若再有什麼不測，也沒有留戀和後悔的事情了。

三、主張本志不可移

曾國藩主張，本志不可移，並把能否持之以恆看做有成無成的重要表現。他在家信中以自責的方式教導子侄說：「余生平坐無恆之弊，萬事無成，德無成，業無成，已可深恥矣。等到辦理軍事，志向才最終確定，中間本志變化，尤無恆之大者，用為內恥。」事實上曾國藩所改變的只是他「本志」的一些表象，而他從年輕時就要成為不同凡響的人物，要成為「蛟龍」，幹一番大事業的「大志」並沒有變。但他認為自己從軍以來是一次本志的改變。因此，他主張自從軍以後「死在沙場」、「以身殉國」的「初志」是絕不可再改變的了。

曾國藩曾經說過這麼一段話：「君子之立志也，有民胞物與之量，有內聖外王之業，而後不忝於父母之生，不愧為天地之完人……若夫一己之屈伸，一家之饑飽，世俗之榮辱、得失、貴賤、毀譽，君子固不暇憂及此也。」

由此可知，對於「完人」他有自己的一番理解。同樣道理，這世間芸芸眾生，想當完人的多了，真正能做到的卻鮮而有之，完美在於心，在於志向而不在於一念之間。

厚黑有理

的確，無論何時，要想成大事，非樹立遠大志向不可，並以這種志向為目標積極進取，內外兼修，有志貴在有恆，堅持不懈地去追求才有功成名就「守得雲開見月明」的時候。

03 雕琢性情，鍛造氣質

自古聖賢豪傑、文人才士，其治事不同，而其豁達光明之胸，大略相同。東方古典文化中，「靜」的含義為：放下萬物，心無雜念、豁達光明的心境。

曾國藩一直學習古代先哲的智慧，並能不時地反思自己的得失，以史為鑑，以聖賢為鏡，用各種方式雕琢自己的內在性情。

一、靜是一種境界

曾國藩在寫給弟弟的信中說：

以你現有水平，要每日多讀書培養氣質內涵，日積月累就會有所長進，這就好比建房子，有好的地基也要有合理的結構，再加上精良的裝修功夫才能成為華室。所以，何必急急忙忙六神無主呢？內在的修為是需要時間與耐心的呀。

信雖是寫給弟弟的，又何嘗不是他自己的心靈寫照？

「靜」是一種真實無妄、虛靈自然、無往無礙的境界，這種境界表現於道義，就是孟子的「貧賤不能移，富貴不能淫，威武不能屈」，表現於對生命的體驗，就是莊子的逍遙遊，既可以表現為波瀾壯闊，也可以表現為小橋流水。所謂「仁者見仁，智者見智」，就是這個道理。老子說「上善若水」，指的就是這種無所執著、順物自然的狀態。

在這種狀態下，內心的體驗是一種無邊的恬靜和無牽無掛的快樂，似乎已經達到了終極的滿足，再遇到什麼樣的困難也不會覺得辛苦了。

二、超凡的心境需要培養

傳說孔子的學生顏回身居陋巷而不改其樂，現代人很難理解，其實只是沒有嘗過「道」的滋味緣故，倘若瞭解「道味」之樂，應該也有孟子的正氣和莊子的逍遙了。所以，超凡的心境不是憑空產生而是需要培養的。

培養的方法，並非如人們想像的那樣，只是靜些，其實在任何環境下都做得到。或者說是否做到不在於環境條件，而在於是否有一種恬淡沖虛的意境。

我們經常有這樣的體會：高度緊張，心理壓力過大，短時間或無妨礙，時間一久，必致傷身害體。曾國藩對此深有瞭解，所以經常主動尋找快樂，這實際上也是一種精神的解脫和培養性情的方式。

曾國藩投筆從戎，每天都在與太平軍激烈的對抗中生存，心理壓力之大可想而知。這時他也不忘調節自己的心理，詩歌和書法給他帶來許多快樂。而最有益其身心的，或許是他幽默的性情。

曾國藩學問淵博，文學根底甚深，每日批閱的檔、書信雖多，但非常認真、仔細。他批閱公文喜詼諧，很耐人尋味。

咸豐十年（一八六〇年）十二月，曾國藩駐軍祁門。一日批閱公牘，內有浙江省建德縣團練把總李元的文書，面用「移封」。

「移」是一種官方文書，分文移和武移兩種。文移是譴責性公文，唐代以後成為官府平行機構間相互交涉的文書；武移是聲討性公文，跟檄文相似。

當時，曾國藩任兩江總督，集四省軍政大權於一身，而團練把總最高為正七品銜，李元把總竟用「移封敵體」，是無知還是憨？曾國藩看後，於封面上題十七字令云：「團練把總李，行個平等禮。云何用移封敵體？」並自記：「見者無不絕倒。」

在上面的案例中，他不怒反樂，說明曾國藩良好的性情與氣度。由此可見，性情對一個人的重要性。

三、擁有良好的心境

一個人之所以能夠受到多數人的承認或推崇，更主要的還是來自自身的修養。由於曾國藩是在中國傳統文化中薰染陶冶，經過嚴格科舉考試而產生的一個典型的封建知識份子，所以他對儒家那一套「修身、齊家、治國、平天下」的人生信條看得非常重要，視為平生待人接物、處世治事的基本準則。而曾國藩能夠把自身的修養同「齊家、治國、平天下」聯繫起來，並按三部曲來進行，自是他為人處世的高人之處。

曾國藩主張，修身必須首先結合實際去進行。不管是讀書做學問，還是待人接物；不管是帶兵打仗，還是為官從政，都有修身的大學問表現其中。要做到這樣，曾氏認為重要的問題就是立足於精神修養。

精神是人生意志的本源。有什麼樣的精神狀態，就會有什麼樣的人生觀。曾國藩認為，精神的修養，全是內心所要做的功夫。所謂治心之道，如懲忿窒欲、靜坐養心、平淡自守、改過遷善等，都屬於精神方面的修養。因而，在他的日記和家書中，關於這方面的言論很多。他主張，精神修養必須按照靜坐、平淡、改過這三個步驟去進行。心靜自然平和，平和之後改進也能很好地進行，這三者是循序漸進的過程。

自東漢以來，儒家積極人世的人生哲學與老莊自然淡泊的消極出世人生哲學始終是互為補充的。至於佛家所說的「明心見」，更要求人們先有靜的境界。因而，靜坐也就成為中國士大夫階層最基本的修養功夫。曾國藩綜合儒道佛三家之說，把靜字功夫看得非常重要。

心靜很重要，聖賢們都能做到這一點。王陽明正是因為有這功夫所以才不動心。若心不能靜，即使反省自我也不能徹底，即使找到原由也不明其理，無從下手，因為心是浮躁的。

曾國藩在強調靜字的同時，還主張要有平淡的心境。他說：「思胸襟廣大，宜從『平、淡』二字用功。凡人我之際，須看得平，功名之際，須看得淡，庶幾胸懷日闊。」並表示「世俗之功名須看得平淡些」。

因為他認識到，一般人之所以胸襟狹窄，全是物欲之念太重，功名之念太深。若被私欲困擾住心，精神也沒有安靜的日子了，自然也就不會感到快樂。曾國藩是想讓自己做到心中平淡，不致為私欲所擾亂，務使精神恬靜，不受外物之累，然後可以處於光明無欲的心境。他是這樣想的也是這樣做的，他以後的行為都能很好地證明這一點。

曾國藩的養心學問是典型的身心兼治，因為一個人在官場中混最不易，最易喪失威權與榮耀，其中也有一些「規矩」，這些規矩要獨運於心，在幕後遵守，一是不直言人短，二是知己悅人，即保持一團和氣最重要，三是要提防奸人搗亂。擁有良好的心境之後，即使遭遇不幸，也能順氣自怡，可貴的是志向操守不改，能順應環境的變化而生存。

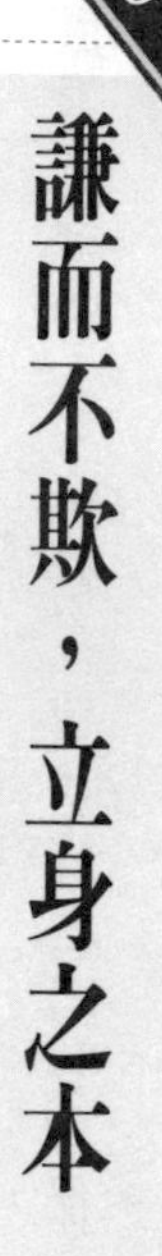

04 謙而不欺，立身之本

謙虛使人進步，驕傲使人落後。這是盡人皆知的道理。

驕傲自滿的人，總把自己的長處和別人的短處相比，自我滿足，瞧不起任何人。而謙遜的人不僅能夠發現他人的優點，還能積極、虛心向他人學習。集眾人之長，補己之短。

一、謙虛使人進步

《尚書》中說：「滿招損，謙受益。」謙虛作為一種美德，既表現了對自己的嚴格要求和積極的進取精神，又表現了對他人的尊重。曾國藩說，人若保持謙虛，自可進境無窮。自身的充實和完善皆由好心態開始。所以人無論在什麼時候都能夠謙虛，才能算做真正的君子。

《說苑・敬慎》中概括出六種謙遜的美德：「德性廣大而守以恭者榮，土地博裕而守以儉者安，祿位尊盛而守以卑者貴，人眾兵強而守以畏者勝，聰明睿智而守以愚者益，博聞多汜而守以淺者廣。此六守者，皆謙德也。」由此可見，謙遜美德能使人獲益良多，擁有謙遜就擁有了福氣。

一個謙虛的人無論處於何時、何地，都能覺察到自己的不足之處，永遠懷著一顆上進之心。

曾國藩曾經這樣說：「人必中虛，不著一物，爾後能真實無妄，蓋實者，不欺之謂也。」也正是因為有這樣的態度，使他在不到十年時間裡，就由一個沒沒無聞的守節閒官，逐漸升階為權高位重的封疆大吏。他的受益可以用他自己說過的一句話來概括：「謙以自持，嚴以馭下，則名位悠久矣。」謙虛也是一種以退為進的人生謀略，更是修養自我的保身之道。

謙虛之人必為低調之人，不招人厭惡，不引禍端，即使有禍也能避過。

二、謙虛的具體表現

在讀書方面，曾國藩認為，「吾人為學最要虛心」，他以切身體驗告誡弟子：「讀書窮理，必得虛心。」

曾國藩曾經說過一句話：「天下無窮進境，多從『不自足』三字做起。」他曾打過一個比喻：一個人埋頭看書，即使每天不吃不睡不玩，而且堅持看到一百歲，在一般人眼裡，可能算是知識淵博了。但是中國的古籍浩如煙海，即使有人認為他已經博覽群書，而他所看過的書與整個史籍比較，卻是九牛之一毛，大海之一粟。因此，一個人不能自滿，天下之大，強中更有強中手。

在治軍方面，曾國藩受命組建湘軍之後，便常常自責，「唯有敬濯不敢師心，而務要虛心，以收集思廣益之效」。這種想法一直伴隨著他。他在日記中這樣寫道：「古之得虛名而值時艱者，往往不克保其終，思此不勝大懼。將具奏摺，辭謝大權，不敢節制四省，恐蹈覆轍之咎也。」在那個年代，曾國藩能這樣想是十分不容易的。他要求湘軍內部自將領至兵卒，必須精誠團結，努力作戰，有功不能驕傲。受他的影響，湘軍雖然屢立戰功，但從不自傲，這就是曾國藩作為一代聖賢的過人之處。

在仕途方面，曾國藩年少輕狂，經常輕議時政，因此，遭到了某些官僚的反對，經歷過挫折之後，他改變了為人處世之道。在長沙城的綠營中，他主動謙虛地與當地官員交好，不僅給他人台階下，也緩和了人際關係。

三、以謙立身，人生更輝煌

曾國藩視為立身之本的是「謙」字。若要做到以謙立身，首先要戒除驕氣，因為，驕傲自滿是人生的大敵，盛氣凌人是人際交往中的敗德。曾國藩認為驕必然會導致敗，他經常諄諄告誡子弟部下，不可驕傲。欲求稍有成立，必先力除此習，力戒其驕；欲禁於己之驕，先戒吾心之自驕自滿，願終身自勉之。

謙虛也是一種尊重他人的表現，只有尊重他人，才可以獲得他人的尊重。當然凡事皆有度，不夜郎自大也無需妄自菲薄，這兩種做法都只會有適得其反的效果。因此，不要過分謙虛，這樣不僅不會獲得他人的尊重，反而令人看輕自己。

謙虛要以事實為依據。本來自己做得不錯，卻說成一塌糊塗，本來自己很有能力，卻把自己說得一無是處，這是一種過謙的表現，也就是虛偽。謙虛不是一種形式，而是發自本心的由內而外的個人素質的表現。

曾國藩一生恭謙，他作為長房長孫，給予家族的威儀和他作為三軍統帥給予諸將的嚴厲，談得最多的，便是家族和三軍的傲氣。家書中勸誡幼輩要戒驕戒躁，軍事上亦同。正是因為他的「謙」使他的人生更加輝煌。他也是低調為人高調做事的典型代表。

厚黑有理

謙虛必須要把握一定的分寸，要分清什麼時候該謙虛，什麼時候不該謙虛，謙虛的對象和程度都要因人、因時而異。這樣的「謙」才是應該提倡和追求的。

05 高標處世，低調做人

低調是一種風度，高標是一種氣魄。

做事開張，做人收斂，這一點是中庸思想中處世之道的核心。它不僅僅是體面生存和尊嚴立世的最重要根本，也是一個要做大事業者的最佳狀態。同時，開張必須以收斂為基礎，因為收斂可以使人能處順境也能處逆境，既可深自收斂又可勇猛精進，這實在是一種最智慧最通達的處世之道。

為人收斂，不光是哲學上和個人修養上的一種體悟，更是避禍消災的重要法門。在曾國藩的家書裡曾提到過兩個人，一個是嘉王趙頹，另一個是沈萬三。這兩個人的經歷對比著看，一定是給了曾國藩很大的啟示。

嘉王趙頵，是宋神宗的親弟弟。他從小就好讀古書，是一個憂國憂民的人。他看到不平之事，就要發表言論，後來還數次上疏議論朝政，在當時很有影響，人們對他褒貶不一。這時，他的心腹勸他說：「您是天子的弟子，不好聲色犬馬，一心致力於典籍，這自然是好的品德。可是您多次議論朝政，皇帝和太后都會不安啊。」嘉王猛然醒悟。從此，他兩耳不聞窗外事，專門研究醫書，並和他的部屬成天忙於研究藥方。朝廷後來專門下詔稱讚他，還對他進行了褒獎。

沈萬三的故事顯然就悲慘得多了。

明朝時，沈萬三是金陵巨富，雖王侯而不能及。朱元璋攻下金陵後，打算擴大外城，然而當時正值戰亂，國庫空虛，主管工程的大臣叫苦不迭，表示難以完成這個任務。

沈萬三這時出面了，為了和朱元璋搞好關係，他表示願意承擔工程總費用的一半。他和政府方面同時開工，由於財大氣粗，沈萬三比朱元璋的官方工程隊還早三天完成了任務。之後，朱元璋賜給他酒宴，慰勞他說：「古代有素衣天子，號曰素封（無官無爵而有資財的人），您就是這樣的人啊。」其實朱元璋心裡並不高興，竟然比我的官方工程隊還快，他對沈萬三的富裕既厭惡又嫉恨。

而當時，沈萬三有一塊田地，正靠近湖邊，為了保護自己的田地不受水淹，他便在湖邊新修了一道石堤。朱元璋討厭他太富，而且連他這個皇帝也比不上他，於是太祖一點兒也沒留情面，單獨對他的田地抽稅，每畝九斗十三升，賦稅高得嚇人。

其實，朱元璋心裡早就想殺他了，只是一時找不到理由。忽然有一天，恰好沈萬三用茅山石鋪蘇州街的街心，朱元璋這一下子可有了藉口了──以茅山石為心，「茅心」者，「謀心」也，此乃叛逆之舉。不由分說，朱元璋就給他定了一個謀反罪，殺了他，又查抄了他的家產，將其全部充公。

沈萬三死得冤枉，他既沒有犯法，而且還為皇帝出了力，反而被殺，你說可不可悲。這樣的教訓告訴我們，面對如此複雜紛紜的人世，聰明顯得多麼地可笑和幼稚，多麼地不值一提。而在此時，「憨」、「拙」、「直」、「樸」這些本與聰明無緣的字眼，卻會顯露出一種閃光的高超智慧。

以史為鑑，以自己過去的經歷為鑑。曾國藩在任兩江總督之後，他變得更加穩重低調，更加「憨」、「拙」、「直」、「樸」，對待同僚及下屬都注意處處謙讓，甚至對手中的權力，他也常常辭讓。

曾國藩升任兩江總督後的聲望已無人可比，長江水面上迎風招展的無不是「曾」字帥旗。作為親率三、四十萬人馬的湘軍最高統帥，曾國藩卻全然沒有飛揚跋扈、洋洋自得之態，反而更加處處收斂，慎之又慎。

從他給弟弟寫的家書上看，那時的他不但沒有躊躇滿志，反而是充滿了憂慮。他諄諄告誡弟弟說：

余家目下鼎盛之際，余忝竊將相，沅（曾國荃）所統近兩萬人，季（曾國葆）所統四五千人，近世似此者曾有幾家？沅弟半年以來，七拜君恩，近世似弟者曾有幾人？日中則昃，月盈則虧，吾家亦盈時矣。」管子（管仲）云：「斗斛滿則人概之，人滿則天概之。」余謂天之概無形，仍假手於人以概之。霍氏盈滿，魏相概之，宣帝概之；諸葛恪盈滿，孫峻概之，吳主概之。待他人之來概而後悔之，則已晚矣。

曾國藩說：「吾家方豐盈之際，不待天之來概、人之來概，吾與諸弟當設法先自概之。」「概」是什麼？這個「概」字就是大概的概。據查，「概」在古代就是量具，其實就是個木板。古代用缸、用桶、用盆來盛米、稻穀，堆得高了上面會凸出一個尖來，然後就用這種木板來刮平，起的就是這個作用，這就叫做概。

曾國藩說，別人不來管你，自然有上天管你。中國人素來相信「舉頭三尺有神靈」，如果天再管不了你，那就自己管住自己了，這就是自律。其實，曾國藩這段話的意思就是說，要見好就收，要急流勇退，要學會「自概」。

曾國藩時刻不忘記給自己及諸弟狠敲警鐘，盡心盡力地消除隱憂。自從實授兩江總督、欽差大臣之後，曾國藩深知自己地位漸高，名譽漸廣，便多次上奏請求減少自己的一些職權，或請求朝廷另派大臣來江南會辦。攻克南京之後，他立即裁減湘軍，又令弟弟曾國荃停職回家反省。

同治六年（一八六七年）正月，曾國藩再三告誡弟弟曾國荃道：

弟克復兩省，勳業斷難磨滅，根基極為深固。但患不能迭，不患不能立；

但患不穩適，不患不崢嶸。此後總從波平浪靜處安身，莫從掀天揭地處著想。吾亦不甘為庸庸者，近來閱歷萬變，一味向平實處用功。非委靡也，位太高，名太重，皆危道也。

類似這樣的言辭在曾國藩的書信中俯拾即是。目的就是要告誡弟弟常懷謙退，永保「花未全開月未圓」的態勢。

這種收斂低調的做人方式，曾國藩將其一直保持到老。在他功成名就之時，打算在家鄉建一座富厚堂，以作「終老林泉之所」。後來富厚堂建成了，他一聽說工程巨大，花費極多，於是就感到非常不安，從來就不進富厚堂的大門。他寫信嚴責弟弟及兒子費錢太巨，他說：

「富升修理舊屋，何以花錢至七千串之多？即新造一屋，亦不座費錢許多。余生平以大官之家買田起屋為可愧之事，不料我家竟爾行之。澄叔諸事皆能體我之心，獨用財太奢與我意大不相合。凡居官不可有清名，若名清而實不清，尤為造物所怒。我家欠澄叔一千餘金，將來余必寄還，而目下實不能違還……余將來不積銀錢留與兒孫，推書籍尚思添買耳。」

此後十多年，曾國藩一直住在他的總督府，直到死在任所。

在教子家書中，曾國藩一再強調「勤理家事」，「不可厭倦家常瑣事」，「半耕半讀，以守先人之舊，慎無存半點官氣。不許坐轎，不許喚人取水添茶等事」，在家要種菜、養魚、養豬、做飯，「以習勞苦為第一要義」。他還說：「居家之道，不可有餘財」，「以做官發財為可恥」，「家事忌奢華，尚儉」。

曾國藩的收斂和守拙的功夫，對於我們今天的人來說絕對沒有過時。這些都是實在的人生智慧。曾國藩身為三軍統帥，做著「掀天揭地」的大事，能有如此胸襟，能如此穩慎，如此謙恭，但卻能善始善終，永立不敗之地，可見亦非等閒之輩，也絕非浪得虛名。

厚黑有理

一個人過於顯露出自己高於一般人的才智，或是生活方式太過張揚，往往會對自己不利，甚至會招來很大的麻煩。因為這樣可能使對手容易摸清虛實，提前準備好防範措施和對策，或者觸動某些人如妒忌等不便說明的心理。老子說過「大象無形」、「大音希聲」、「大智若愚」，這才是一個人成熟、智慧的標誌。不顯露、炫耀才華，固守柔順之德，做再大的事也不居功自傲，低調自守，這樣的人其實是會有好結果的。

06 爭心不可過重

同治元年（一八六二年），湘軍主力集中在南京一帶，太平天國的軍隊也正好集中在這裡。江、浙地區本是富庶之區，但因連年戰火，生產停頓，糧食歉收，饑民成群，有的地方連饑民也不見，遍地榛莽，「常竟日不見煙火，不逢行人」。這樣一來，不要說無錢購糧，即使有錢也買不到糧食。南京城下僅曾國荃、鮑超的軍隊就達七萬餘人，每天最少也要吃十萬斤糧食，哪裡去弄這麼多的糧食?曾國荃沒有辦法，每天只能發四成餉，士兵連半飽都不夠，只能煮粥度日。曾氏兄弟不斷向四處呼籲供給湘軍糧食，說再這樣下去，湘軍就要潰散了！

為此，曾國荃透過曾國藩向李鴻章借糧，李鴻章的淮軍也不寬裕，只能將發徽的大米運來一些。曾國藩見狀大罵李鴻章沒有良心，下令將壞米還給李鴻章。幕僚立即勸他：「糧食不可退，有米總比無米強，退回上海將與少荃失去了和氣！」後來，他們把徽米賣給饑民，得款買了好米，才沒和李鴻章鬧翻。

正因為餉項、糧食供應困難，南京城下的湘軍開始四處搶劫，本來曾國荃部湘軍就是搶掠成性，現在更是無法無天。他們不僅成群出動，搶劫鄉村居民，劫掠肆市，成了明火執仗的強盜，而且到處搶劫婦女，擄入營盤奸宿。太平軍糧食奇缺，就把南京城內的百姓放出城來，婦女兒童放出者更多，大批婦女一出江東橋，就被城外的湘軍掠去，無一倖免。

為此，幕僚趙烈文建議曾國荃出面制止，曾國荃表示：「我欠各營的糧餉太多，勇丁們連粥也吃不夠，沒有臉去見各部將領，哪有理由再去管這些事？若再不破城，軍隊便要瓦解了！」

趙烈文素以足智多謀、能言善辯著稱，聽了曾國荃的話也無話可說。不久，蕭慶衍部果然發生鬧餉事件，曾國荃向曾國藩問計，曾國藩勸他：「事因欠餉缺糧而起，只宜多加慰撫，不可過繩以法，免得功虧一簣！」

軍餉問題越鬧越緊張，這時發生了曾國藩與沈葆楨的重大衝突。

沈葆楨，字翰宇，一字幼丹，福建侯官人，林財徐之婿，道光朝進士。咸豐五年（一八五五年）任九江府知府時，因九江為太平軍所占，到曾國藩湘軍充營務處會辦。後再任江西廣信府知府，太平軍楊輔清部攻打廣信，沈葆楨與夫人堅守城池，力戰勝之。曾國藩上奏極言沈葆楨夫婦共同抗敵，謂「軍興有年，郡縣望風逃潰，惟沈某能獨申大義於天下」等，清廷聞報，加沈葆楨按察使銜。

咸豐十一年（一八六一年），曾國藩大舉進兵安徽，圍攻安慶，上書請沈葆楨來安慶會辦軍務，朝廷下旨准其所請。安慶被湘軍收復後，慈禧、奕訢主持政務，以曾國藩為兩江總督，督辦江南四省軍務，曾國藩保奏沈葆楨為江西巡撫，兩人由上下級關係變為同僚。

從沈葆楨仕途經歷看，他與曾國藩數度共事，一同抗擊太平軍，他的兩次升官，也與曾國藩的保奏大有關係。但是，當沈葆楨就任江西巡撫後，曾國藩令湘軍東進，左宗棠進兵浙江，朝廷令江西省供應湘軍與左宗棠的軍餉。而太平軍忠王李秀成則派李世賢、楊輔清部入江西，以斷絕湘軍與左宗棠的糧道。沈葆楨見太平軍大舉人江西，湘軍進攻天京城又無力顧及江西，乃親赴廣信督防，抵禦太平軍。同時建立了一支江西本省的軍隊，還廣調清軍去江西參與防衛，如江忠義的精捷營、席保田的精毅營、王文瑞的老湘營、王德榜的長左營、張嶽齡的平江營、王沐的繼果營、韓進忠的韓字營、劉勝祥的祥字營、劉於潯的水師營、段起的衡字營等。

由於江西軍隊的擴增需要大筆軍餉開支，沈葆楨遂上奏朝廷，停止供應湘軍軍餉，包括原來供應曾國荃大營的協餉、江西漕折銀、九江關洋稅銀、江西厘金等，這些銀兩都是朝廷批准供給湘軍的。在湘軍軍餉奇缺、雨花台各營岌岌可危之際，沈葆楨卻截留了所有的供應，這下子激起了曾國藩的怒火。

曾國藩在江西駐兵多年，因軍餉問題，吃盡了苦頭，也看夠了江西巡撫的眼色。咸豐八年（一八五八年）他再度出山，江西巡撫毓科等同他的關係好轉。咸豐十年（一八六〇年）他擔任兩江總督後，便奏明把江西的上述各項收入均歸他提做湘軍軍餉。他所以奏准讓沈葆楨任江西巡撫，其重要原因之一是沈葆楨與他多年合作，可以作為湘軍的可靠支持者，誰料想沈葆楨一上台來便斷了他的後路。

沈葆楨在江西擴建軍隊也是出於公心，但銀子只有那麼多，江西用了湘軍就沒有，但從緩急程度著想，雨花台的曾國荃大營是迫不及待的。開始，曾國藩看到湘軍軍餉一天天困難，想出釜底抽薪的辦法，給九江關道蔡錦青寄了一封私信，讓他解九江關洋稅三萬兩給雨花台湘軍，以解眼前之急。蔡錦青不敢違意，便向南京運銀，誰知被沈葆楨發現了，把蔡錦青大罵一頓，勒令他追回款項，否則就罷他的官。沈葆楨是蔡錦青的頂頭上司，蔡錦青得罪不起，只好乖乖地原數追回了寄出的銀子。

曾國藩、沈葆楨爭餉之事發生時，曾國藩位高權重，但並沒有表現出一種驕蠻之氣。事情發生後，他又多方考慮，委曲求全，拒絕了大家要參劾沈葆楨的意見，但是對於金陵圍城之軍的困難不能不顧，對於沈葆楨告他「貪得無厭」的罵名也不能不辯。

於是，曾國藩最終擬了一個《曆陳餉缺兵弱職任太多戶部所奏不實》的摺子，他寫道，今「論兵則已成強弩之末，論餉則久為無米之炊。而戶部奏稱收支六省鉅款，疑臣廣攬利權。如臣雖至愚，豈不知古來竊利權者每致奇禍！」折尾懇求朝廷派大臣前來主持江南大局，放他回家養病，現在「兵弱餉絀，顛覆將及」，一旦發生重大變故，他可擔不起這個責任！

為了爭餉之事，曾國藩寫了多篇日記，反覆記載此事的苦惱，一怕缺餉，金陵士兵嘩變，功敗垂成；二怕自己位高權重，別人疑其專擅；三怕與江西爭餉，敗了餉缺兵潰，勝了得到專權惡名。所以，還是以「告病引退，少息二三年」最為穩妥。

沈葆楨知道曾國藩上奏要求「引退」，自己也趕緊上了個奏摺，陳請開缺，「以養老親」。

雙方的奏摺上達朝廷，慈禧自然不會讓他們在這緊急關頭回家休息，只好下旨把江西的厘金一分為二，使他們各得其半，把購買輪船的退款五十萬兩撥給曾國藩使用，以解其紛爭。

此外，朝廷為保證湘軍的圍城糧餉，又指撥淮北鹽厘每月八萬兩，從湖南撥糧優先保證圍城湘軍，還撥安徽、河南等省士紳的捐款數十萬兩。這些錢糧一下子緩解了湘軍的困難，保證了供應。曾國藩、沈葆楨二人同時撤銷「告退」，結束了轟動一時的爭餉鬧劇。湘軍因禍得福，加緊了攻城的步伐。

厚黑有理

爭與不爭學問極大，猛爭者不一定得勢，不爭者不一定不得力，此為辯證學問。曾國藩說：「常以恕字自惕，常留餘地處人，則荊棘少矣。」他處世常講退讓，而事關原則大事卻不能不爭，但是在爭的過程中，有時也講「退」

07 用人不疑，疑人不用

用人有很大的學問，在曾國藩看來，用人是否得法，直接關乎事業的成敗。曾國藩之所以能取得如此令人稱羨的成就，與他的用人治人之法是密不可分的。古人云：「疑人不用，用人不疑。」關於識別人才、使用人才，曾國藩雖也主張不拘一格，然而，在曾國藩的眼裡，有這樣兩種人卻是不會被他重用的。

一、誇誇其談的人

曾國藩瞧不起那些誇誇其談的人。他說過：「長傲多言為凶德。」多言是傲的一種表現，人一驕傲必然會流於虛偽，難成大事；好議論他人、譏評時人同樣容易讓人生厭。一個人如果能做到「是非皎然於心而一言不發，勁氣常抱於胸而纖毫不露」，不怕成不了大事。

與人相處，一個人如果總是自以為是，時時都以自己為中心，處處爭強逞能，不給別人以表現和施展的機會，那麼別人很快就會對他產生反感。

誇誇其談的人，往往在一個人獨處的時候，話不多；與親人相處的時候，話也比較少；但當他與朋友在一起時，話就很多，如果有異性朋友在，話就更多，甚至於語不驚人死不休，說到得意處，更是手舞足蹈。這樣的人最容易招致他人的厭惡。

在曾國藩所談的「處世禁忌四緘」中，第一條就談到不喜好誇誇其談，到處表現自己。曾國藩第二次做兩江總督時，李鴻裔來到他的幕府中，少年倜儻，不拘小節。曾國藩也特別鍾愛他，對他像兒子一樣看待。曾國藩的密室，平常也只有李鴻裔可以隨便出入。當時曾國藩的幕僚中有「三聖七賢」十大儒，他們都是名極一時的宋學大家。曾國藩驚歎他們的名聲，把他們都招納了進來。然而只是挨個的安排他們衣食住行等，並不給他們以實際的職位。

一天，曾國藩正在和李鴻裔在室中談話，正巧有客人來到。曾國藩出去迎見客人，留下李鴻裔自己在室中，李鴻裔翻看茶桌上的文本，無意中看到一首《不動心說》的詩，是某位老儒所寫。這位老儒，就是外人所說的十個聖賢中的一個。文後邊寫有這樣一段話：「使置吾於妙曼娥眉之側，問吾動好色之心否乎？曰不動。又使置吾於紅藍大頂之旁，問吾動高爵厚祿之心否乎？曰不動。」

李鴻裔看到這裡，忍不住拿起筆在上面戲題道：「妙曼娥眉側，紅藍大頂旁，爾心都不動，只想見中堂。」寫完，扔下筆就出去了。

曾國藩送走客人，回到書房，看到新題的文字，歎聲說：「一定是這個小子幹的。」就讓左右招呼李鴻裔，這時李鴻裔已經不在衙署中了。

曾國藩令人拿著令箭到處去找，最後在秦淮河上的花船中找到了他，帶了回來。曾國藩指著他所寫的問道：「是你幹的吧？」

李鴻裔只好老實地回答：「是。」

曾國藩說：「這些人都是些欺世盜名之流，言行一定不能坦白如一，我也是知道的。然而他們所以能夠獲得豐厚的資本，正是靠的這個虛名。現在你一定要揭露它，使他失去了衣食的來源，那他對你的仇恨，豈能是平常言語之間的仇怨可比的，往往殺身滅族的大禍，就隱伏在這裡邊了。」

李鴻裔敬畏地接受了這番教誨，從這以後，也就慢慢地收斂了自己，不再敢大言放肆了。

二、輕薄的人

一個人最忌的就是輕薄浮淺，沒有內涵，幾番接觸之後，就會使人感到俗不可耐，甚至令人生厭。大凡有一定學識或修養的人，都能夠沈著穩健，謙謹坦蕩。

曾國藩對於輕薄有更深層次的理解，他說：

大凡人寡薄的品德，大約有三端最容易觸犯：聽到別人有惡德敗行，聽得娓娓不知疲倦，妒忌別人的功業和名聲，慶幸別人有災，高興別人得禍，這是薄德的一端；人受命於天，臣受命於君，兒子受命於父，這都是有一定之數的，但有些人不能接受命運的安排，身居卑位而想尊貴，日夜自我謀劃，將自己置在高明的地方，就像一塊金子，冶煉時自認為是莫邪、幹將一類的寶劍了，此是薄德的第二端；胸中苞蘊著社會上的清清濁濁、是是非非，但不明確去表示贊成或者反對，這本來是聖人哲人的良苦用心，如果要勉強去分什麼黑白，遇事就激動張揚，這是文士輕薄的習氣，娼伶風流的形態，我們這些人不體察就去效仿它，動不動就區別善惡，品評高下，使優秀的人不一定能加以勉勵，而低劣的人幾乎沒有立足之地，這是薄德的第三端。我現今老了，這三端還要加以防戒。

曾國藩在其人生經歷中，最反對那些幸災樂禍、狂傲自大、妄斷是非、自以為是的人，他是一個極富憐憫心的人，一些有功業名聲的人遭了災難，即使在戎馬倥傯自身難保的艱難歲月，他也絕不會對此無動於衷，而是儘量地給予接濟和照顧。

咸豐年間，曾國藩駐守祁門，當時的形勢可謂險象環生，儲備極其困乏，這是他一生行軍中最苦難的時候。一天，他忽然想起安徽那一帶多有經學大師，遭受戰亂，顛沛流離，生死都不知道，於是派人四處詢問，生存的人給以書信，約他們來軍中的幕府相見，死去的人對其家小給予一定的撫恤，索取他們留下的文章保留。

至於輕薄的第二端，曾國藩特別地指出了其危害：驕傲是最可惡的一種德性，凡是擔任大官職的，都是在這個字上垮台的。指揮用兵的人，更應警惕驕傲和懶惰的習氣。在做人的道理上，也是驕、惰這兩個字誤事最多、最大。

至於妄斷是非的第三端，他曾這樣規勸有關人士：

「閣下昔年短處在尖語快論，機鋒四出，以是招謗取尤。今位望日隆，務須尊賢容眾，取長舍短，揚善於公庭，而規過於私室，庶幾人服其明而感其寬。」

也就是說，他主張精明必須與寬容結合，而且要以尊重別人為前提。為人、為官、治世、為政如能戒此三端，必當受益無窮。

厚黑有理

一個人成功與否，關鍵在於他能否把與自己交往密切的人力資源轉化為自己的資源，把別人的能力轉化為自己的能力。

提防小人

職場厚黑心理學

李宗吾 著

「厚」——不能過於遲鈍，
「黑」——也不能不擇手段

區別小人與君子是智慧，別人盡可以說出一千種一萬種區別的方法，
但誰也不能保證小人沒有一千零一種或一萬零一種的表現！

我們所講的「黑」，絕不是提倡心黑手辣，行惡人間。
而是用更妥當的方法去解決你所面對的問題，獲得你該獲得的利益。

人不要臉 鬼都怕

人性厚黑心理學

宗吾 著

「厚」——不能過於遲鈍，
「黑」——也不能不擇手段

臉皮厚的人，雖然被明哲之士所不屑和輕視，
但卻是每個想要成功的人，不得不具備的一項條件。
「厚」不能過於遲鈍，「黑」也不能不擇手段。
厚黑學，並不是挖空心思對付自己身邊的朋友、同事、主管，
真正的厚黑學是一種行事智慧。
你可以不厚黑，但是當你遇到厚黑的人你可以有辦法去應對。
這才是行走於社會必備的人生智慧。

成敗論英雄：商場厚黑心理學

（讀品讀者回函卡）

■ 謝謝您購買這本書，請詳細填寫本卡各欄後寄回，我們每月將抽選一百名回函讀者寄出精美禮物，並享有生日當月購書優惠！
想知道更多更即時的消息，請搜尋"永續圖書粉絲團"

■ 您也可以使用傳真或是掃描圖檔寄回公司信箱，謝謝。
傳真電話：（02）8647-3660　　信箱：yungjiuh@ms45.hinet.net

◆ 姓名：＿＿＿＿＿＿＿＿　□男 □女　□單身 □已婚

◆ 生日：＿＿＿＿＿＿＿＿　□非會員　□已是會員

◆ **E-mail**：＿＿＿＿＿＿＿＿　電話：(　)＿＿＿＿

◆ 地址：＿＿＿＿＿＿＿＿＿＿＿＿＿＿＿＿

◆ 學歷：□高中以下 □專科或大學 □研究所以上 □其他＿＿＿＿

◆ 職業：□學生 □資訊 □製造 □行銷 □服務 □金融
□傳播 □公教 □軍警 □自由 □家管 □其他＿＿＿＿

◆ 閱讀嗜好：□兩性 □心理 □勵志 □傳記 □文學 □健康
□財經 □企管 □行銷 □休閒 □小說 □其他

◆ 您平均一年購書：□ 5本以下 □ 6～10本 □ 11～20本
□21～30本以下 □ 30本以上

◆ 購買此書的金額：＿＿＿＿＿＿

◆ 購自：□連鎖書店 □一般書局 □量販店 □超商 □書展
□郵購 □網路訂購 □其他

◆ 您購買此書的原因：□書名 □作者 □內容 □封面
□版面設計 □其他

◆ 建議改進：□內容 □封面 □版面設計 □其他＿＿＿＿

您的建議：

剪下後傳真、掃描或寄回至「22103新北市汐止區大同路三段194號9樓之1讀品文化收」

廣 告 回 信
基隆郵局登記證
基隆廣字第 55 號

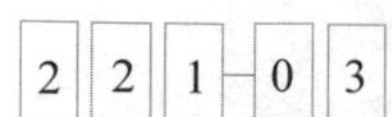

新北市汐止區大同路三段 194 號 9 樓之 1

讀品文化事業有限公司 收

電話/(02)8647-3663　傳真/(02)8647-3660

劃撥帳號/18669219　永續圖書有限公司

請沿此虛線對折免貼郵票或以傳真、掃描方式寄回本公司，謝謝！

讀好書品嚐人生的美味

成敗論英雄：商場厚黑心理學